AF301000

David Heinke

Biokompatible superparamagnetische Nanopartikel

Entwicklung von Nanopartikeln für den Einsatz als in-vivo-Diagnostikum insbesondere im Magnetic Particle Imaging

Infinite Science Publishing

© 2018 Infinite Science Publishing
University Press and
Academic Printing

Imprint of Infinite Science GmbH,
Technikzentrum | MFC 1
Maria-Goeppert-Straße 1
23562 Lübeck, Germany

ISBN Hardcover: 978-3-945954-45-4

Cover Design and Illustration: Uli Schmidts, metonym
Editorial and Copy Editing: Infinite Science Publishing
Publisher: Infinite Science GmbH, Lübeck, www.infinite-science.de
Printed in Germany, BoD, Norderstedt

Dissertation, Universität Potsdam, 2017
Dissertation erschienen unter dem Titel: Entwicklung biokompatibler superparamagnetischer Nanopartikel für den Einsatz als in vivo-Diagnostikum insbesondere im Magnetic Particle Imaging.

Das Werk, einschließlich seiner Teile, ist urheberrechtlich geschützt. Jede Verwertung ist ohne Zustimmung des Verlages und des Autors unzulässig. Dies gilt insbesondere für die elektronische oder sonstige Vervielfältigung, Bearbeitung, Übersetzung, Mikroverfilmung, Verbreitung und öffentliche Zugänglichmachung sowie die Einspeicherung und Verarbeitung in elektronischen Systemen. Die Wiedergabe von Gebrauchsnamen, Handelsnamen, Warenbezeichnungen usw. in dieser Publikation berechtigt auch ohne besondere Kennzeichnung nicht zu der Annahme, dass solche Namen im Sinne der Warenzeichen- und Markenschutz-Gesetzgebung als frei zu betrachten wären und daher von jedermann verwendet werden dürften.

Bibliografische Information der Deutschen Nationalbibliothek:
Die Deutsche Nationalbibliothek verzeichnet diese Publikation in der Deutschen Nationalbibliografie; detaillierte bibliografische Daten sind im Internet über http://dnb.d-nb.de abrufbar.

Autor
Dr. David Heinke
E-mail: David.Heinke@gmx.de

Zusammenfassung

Magnetische Eisenoxidnanopartikel werden bereits seit geraumer Zeit erfolgreich als MRT-Kontrastmittel in der klinischen Bildgebung eingesetzt. Durch Optimierung der magnetischen Eigenschaften der Nanopartikel kann die Aussagekraft von MR-Aufnahmen verbessert und somit der diagnostische Wert einer MR-Anwendung weiter erhöht werden. Neben der Verbesserung bestehender Verfahren wird die bildgebende Diagnostik ebenso durch die Entwicklung neuer Verfahren, wie dem Magnetic Particle Imaging, vorangetrieben. Da hierbei das Messsignal von den magnetischen Nanopartikeln selbst erzeugt wird, birgt das MPI einen enormen Vorteil hinsichtlich der Sensitivität bei gleichzeitig hoher zeitlicher und räumlicher Auflösung. Da es aktuell jedoch keinen kommerziell vertriebenen *in vivo*-tauglichen MPI-Tracer gibt, besteht ein dringender Bedarf an geeigneten innovativen Tracermaterialien. Daraus resultierte die Motivation dieser Arbeit biokompatible und superparamagnetische Eisenoxidnanopartikel für den Einsatz als *in vivo*-Diagnostikum insbesondere im Magnetic Particle Imaging zu entwickeln. Auch wenn der Fokus auf der Tracerentwicklung für das MPI lag, wurde ebenso die MR-Performance bewertet, da geeignete Partikel somit alternativ oder zusätzlich als MR-Kontrastmittel mit verbesserten Kontrasteigenschaften eingesetzt werden könnten.

Die Synthese der Eisenoxidnanopartikel erfolgte über die partielle Oxidation von gefälltem Eisen(II)-hydroxid und Green Rust sowie eine diffusionskontrollierte Kopräzipitation in einem Hydrogel.

Mit der partiellen Oxidation von Eisen(II)-hydroxid und Green Rust konnten erfolgreich biokompatible und über lange Zeit stabile Eisenoxidnanopartikel synthetisiert werden. Zudem wurden geeignete Methoden zur Formulierung und Sterilisierung etabliert, wodurch zahlreiche Voraussetzungen für eine Anwendung als *in vivo*-Diagnostikum geschaffen wurden. Weiterhin ist auf Grundlage der MPS-Performance eine hervorragende Eignung dieser Partikel als MPI-Tracer zu erwarten, wodurch die Weiterentwicklung der MPI-Technologie maßgeblich vorangetrieben werden könnte. Die Bestimmung der NMR-Relaxivitäten sowie ein initialer *in vivo*-Versuch zeigten zudem das große Potential der formulierten Nanopartikelsuspensionen als MRT-Kontrastmittel. Die Modifizierung der Partikeloberfläche ermöglicht ferner die Herstellung zielgerichteter Nanopartikel sowie die Markierung von Zellen, wodurch das mögliche Anwendungsspektrum maßgeblich erweitert wurde.

Im zweiten Teil wurden Partikel durch eine diffusionskontrollierte Kopräzipitation im Hydrogel, wobei es sich um eine bioinspirierte Modifikation der klassischen Kopräzipitation handelt, synthetisiert, wodurch Partikel mit einer durchschnittlichen Kristallitgröße von 24 nm generiert werden konnten. Die Bestimmung der MPS- und MR-Performance elektrostatisch stabilisierter Partikel ergab vielversprechende Resultate. In Vorbereitung auf die Entwicklung eines *in vivo*-Diagnostikums wurden die Partikel anschließend erfolgreich sterisch stabilisiert, wodurch der kolloidale Zustand in MilliQ-Wasser über lange Zeit aufrechterhalten werden konnte. Durch Zentrifugation konnten die Partikel zudem erfolgreich in verschiedene Größenfraktionen aufgetrennt werden. Dies ermöglichte die Bestimmung der idealen Aggregatgröße dieses Partikelsystems in Bezug auf die MPS-Performance.

Abstract

Magnetic nanoparticles have long been successfully implemented in the clinic as contrast agents for magnetic resonance imaging (MRI). Through optimization of the nanoparticles' magnetic properties, an improvement in the resulting diagnostic images can be achieved, which in turn increases the diagnostic value of the MRI procedure. The advancement of diagnostic imaging is brought about not only through the improvement of established diagnostic techniques, but also through the development of new methodologies such as Magnetic Particle Imaging (MPI). In MPI, the measured signal arises directly from the magnetic particles and, thus, the technique holds great promise in terms of sensitivity and spatial resolution. Since there are currently no commercially available MPI tracers for *in vivo* use, the development of optimal tracer materials that are biocompatible and, thus, suitable for *in vivo* application, is becoming increasingly important.

Therefore, the aim of this work was to develop biocompatible superparamagnetic iron oxide nanoparticles for application as an *in vivo* diagnostic agent in particular for MPI. Even though the focus lay on the development of an MPI tracer, the MR performance of the generated magnetic nanoparticles was also addressed, since such particles can be also be used as an MRI contrast agent with improved contrast efficacy.

Synthesis of the superparamagnetic iron oxide nanoparticles was performed either via partial oxidation of precipitated iron (II) hydroxide and green rust or through a diffusion-controlled co-precipitation reaction in a hydrogel.

The partial oxidation synthetic route gave rise to biocompatible and colloidally stable iron oxide nanoparticles. Furthermore, suitable methods for the formulation and sterilization of these particles were developed, enabling many of the prerequisites for successful *in vivo* application to be addressed. The resulting outstanding magnetic particle spectra (MPS) performance of the synthesized nanoparticles enables their suitability as an effective MPI tracer, assisting the advancement of the MPI technology. Moreover, the MR relaxivity values of the particles as well as results obtained from a preliminary *in vivo* MRI experiment revealed the high potential of the formulated nanoparticle suspensions for application as MRI contrast agents. In addition, chemical modification of the particle surface was performed, which enables the fabrication of target-specific nanoparticles as well as magnetic labeling of certain cell types e.g. stem cells.

Nanoparticle synthesis via a diffusion-controlled co-precipitation strategy in a hydrogel, which is a bioinspired modification of the classical co-precipitation reaction, resulted in particles with a mean crystal diameter of 24 nm. Measurement of the MPS and MR performances of such electrostatically-stabilized particles revealed promising results. So as to promote the development of these particles for use as *in vivo* diagnostic agents, the particles were sterically stabilized and were found to be colloidally stable on the long-term in aqueous solution. Through centrifugation, the particles were successfully separated in batches of varying mean particle sizes, allowing for the determination of the ideal size of this particle system in terms of the MPS performance.

Symbol- und Abkürzungsverzeichnis

Symbol	Bedeutung
M	Magnetisierung
m	magnetisches Moment
V	Volumen
χ	magnetische Suszeptibilität
H	magnetische Feldstärke
B	magnetische Flussdichte
μ_0	magnetische Permeabilität des freien Raumes
M_s	Sättigungsmagnetisierung
M_r	magnetische Remanenz
H_c	Koerzitivfeldstärke
E_A	Anisotropieenergie
K	Anisotropiekonstante
V_c	Partikelkernvolumen
k_B	Boltzmann-Konstante
T	Temperatur
τ_N	Néel-Zeitkonstante
τ_0	materialspezifischer Faktor der Néelschen Relaxation
τ_B	Brown-Zeitkonstante
V_H	hydrodynamisches Partikelvolumen
η	Viskosität
τ_{eff}	effektive Relaxationszeitkonstante
u	Spannung
t	Zeit
f	Frequenz
ω_0	Larmor-Frequenz

γ	gyromagnetisches Verhältnis
T_1	longitudinale oder Spin-Gitter-Relaxationszeit
T_2	transversale oder Spin-Spin-Relaxationszeit
R_1	longitudinale oder Spin-Gitter-Relaxivität
R_2	transversale oder Spin-Spin-Relaxivität
$[CM]$	Kontrastmittelkonzentration
D	Diffusionskoeffizient
q	Betrag des Streuvektors
τ	Zeitintervall
n	Brechungsindex
λ	Wellenlänge
θ	Streuwinkel
r_H	hydrodynamischer Radius
d_H	hydrodynamischer Durchmesser
σ	Standardabweichung
ζ	Zetapotential
v	Geschwindigkeit
U_e	elektrophoretische Mobilität
ε	Dielektrizitätskonstante
κ	Debye-Länge
a	Partikelradius
d	Auflösung
α	halber Öffnungswinkel
h	Planck'sches Wirkungsquantum
m_e	Masse des Elektrons
A_k	Amplitude der k-ten Harmonischen
k	Harmonische bzw. Oberschwingung
χ'	Realteil der Wechselfeldsuszeptibilität

| χ'' | Imaginärteil der Wechselfeldsuszeptibilität |

Abkürzung	Bedeutung
MRT	Magnetresonanztomographie
MRA	Magnetresonanzangiographie
MPI	Magnetic Particle Imaging
PET	Positronenemissionstomographie
CT	Röntgentomographie
US	Ultraschall
MPS	Magnetic Particle Spectrum
FOV	Sichtfeld (Field of View)
FFP	feldfreier Punkt
FFL	feldfreie Linie
NMR	Kernspinresonanz (nuclear magnetic resonance)
LDH	layered double hydroxides
vdW-Kräfte	van-der-Waals Kräfte
DLVO-Theorie	Derjaguin-Landau-Verwey-Overbeek-Theorie
X-DLVO	erweiterte Derjaguin-Landau-Verwey-Overbeek-Theorie
DLS	dynamische Lichtstreuung
TEM	Transmissionselektronenmikroskopie
FD	gefriergetrocknet (freeze-dried)
MRX	Magnetrelaxometrie
MSM	Momenten-Superpositions-Modell
CMSM	Cluster-Momenten-Superpositions-Modell
ACS	Wechselfeldsuszeptibilität (alternating current susceptibility)
TGA	thermogravimetrische Analyse
ZP	Zetapotential
IEP	isoelektrischer Punkt

MCA	Monochloressigsäure
EDC	1-Ethyl-3-(3-dimethylaminopropyl)carbodiimid
NHS	N-Hydroxysuccinimid
ECH	Epichlorhydrin
MSCs	mesenchymale Stammzellen
MTT	3-(4,5-Dimethylthiazol-2-yl)-2,5-diphenyltetrazoliumbromid
FLASH	Fast Low Angle Shot
TR	Repetitionszeit
TE	Echozeit
ROS	reaktive Sauerstoffspezies (reactive oxygen species)
HR-TEM	hochauflösende TEM (high resolution TEM)
MWCO	molecular weight cut-off
MES	2-(N-Morpholino)ethansulfonsäure
PBS	phosphatgepufferte Salzlösung
DMEM	Dulbecco's Modified Eagle Medium

Inhaltsverzeichnis

1   Einleitung und Zielstellung

Die Zahlen kardiovaskulärer Erkrankungen sowie Krebserkrankungen steigen von Jahr zu Jahr stetig an und sind mittlerweile die Haupttodesursachen weltweit. So nahmen beispielsweise die Todesfälle durch Krebserkrankungen innerhalb von zwei Dekaden um 38 % zu, wodurch 2010 etwa 8 Millionen Menschen dem Krebs erlagen.[1] Ebenso starben 2013 mehr als 17,3 Millionen Menschen an kardio-vaskulären Erkrankungen, was im Vergleich zu 1990 einem Anstieg von etwa 41 % entspricht.[2] Da für eine erfolgreiche Therapie die frühzeitige Diagnose solcher Erkrankungen essentiell ist, wird die minimal-invasive medizinische Bildgebung ein immer wichtigerer Aspekt der medizinischen Diagnostik.

Hierfür wird die Kontrastmittel-verstärkte Magnetresonanztomographie (MRT) und -angiographie (MRA) seit vielen Jahren erfolgreich angewandt.[3] Zur erhöhten Kontrastierung sind für Humananwendungen neben Gadoliniumverbindungen[4] insbesondere Kontrastmittel auf Basis superparamagnetischer Eisenoxid-nanopartikel[5, 6] zugelassen. Erstere stehen jedoch bei Patienten mit eingeschränkter Nierenfunktion im Verdacht das Risiko der Ausbildung einer nephrogenen systemischen Fibrose zu erhöhen.[7] Bei Patienten mit normaler Nierenfunktion galten sie bisher als sicher und gut verträglich. Neuere Arbeiten berichten jedoch auch bei gesunden Patienten von einer vermehrten Gadoliniumakkumulation in verschiedenen Geweben, wie Knochen, Hirn und Nieren, weshalb die potentielle Toxizität dieser Substanzen dringend überdacht werden muss.[8] Superpara-magnetische Eisenoxidnanopartikel gelten hingegen nach wie vor als biokompatibel, biodegradierbar, nicht toxisch und gut verträglich.[9] In der MRT wird ausgenutzt, dass sie das Relaxationsverhalten umgebender Protonen verändern, wodurch die Abgrenzung von Kontrastmittel-haltigem zu nativem Gewebe ermöglicht wird. Durch die Optimierung der magnetischen Eigenschaften der Eisenoxidnanopartikel kann die Aussagekraft von MR-Aufnahmen verbessert und somit der diagnostische Wert einer MR-Anwendung weiter erhöht werden.

Neben der Optimierung bestehender Verfahren wird die bildgebende Diagnostik ebenso durch die Entwicklung neuer Verfahren, wie dem Magnetic Particle Imaging (MPI), vorangetrieben. Dieses innovative Verfahren ermöglicht die Darstellung der dreidimensionalen Verteilung magnetischer Nanopartikel, welche hier als Tracer bezeichnet werden, mit hoher zeitlicher und räumlicher Auflösung.[10] Aufgrund der Tatsache, dass im Gegensatz zur MRT das Signal von den magnetischen

Nanopartikeln selbst erzeugt wird, birgt das MPI einen enormen Vorteil hinsichtlich der Sensitivität. Allerdings ist es dadurch auch umso wichtiger, dass maßgeschneiderte Tracer entwickelt werden, die in der Lage sind, dass Potential dieser vielversprechenden neuen Methode auszuschöpfen.

Neben der Optimierung der anwendungspezifischen Eigenschaften der Nanopartikel ist deren gezielte Funktionalisierung mit Antikörpern oder Antikörperfragmenten eine weitere Methode, die nahezu unlimitierte Einsatzmöglichkeiten in der MR- und MPI-Bildgebung eröffnet.[3] So zeigten beispielsweise *Hsieh et al.*, dass anti-VEGF-funktionalisierte Eisenoxidnanopartikel (VEGF ist ein Hauptregulator der Angiogenese, welcher beim Tumorwachstum vermehrt exprimiert wird[11]) effizient im Tumorgewebe eines Kolonkarzinommodells akkumulierten, wodurch das aktive *in vivo*-Tumortargeting mittels MR ermöglicht wurde.[12]

Das Ziel der vorliegenden Arbeit besteht in der Synthese und Charakterisierung von magnetischen Eisenoxidnanopartikeln für den Einsatz als *in vivo*-Diagnostikum im Magnetic Particle Imaging sowie in der Magnetresonanztomographie. Hierbei werden aufgrund des potentiellen *in vivo*-Einsatzes ausschließlich Syntheserouten gewählt, die in biokompatiblen Eisenoxidnanopartikeln resultieren.

Zunächst wird die partielle Oxidation von Eisen(II)-hydroxid und *Green Rust* unter Polymerzusatz zur Synthese magnetischer Nanopartikel genutzt. Das große Potential dieser Synthese zur Entwicklung neuer MPI-Tracer und MR-Kontrastmittel konnte bereits in vorhergehenden eigenen Studien gezeigt werden, in welchen diese Route, soweit aus der Literatur bekannt, erstmalig zur MPI-Tracersynthese angewendet wurde.[13] Durch weitere Optimierung der Synthese-parameter soll nun das volle Potential dieser Synthese ausgeschöpft werden. Bezugnehmend auf die *in vivo*-Anwendung sollen die hergestellten Nanopartikel anschließend mittels geeigneter Methoden formuliert und sterilisiert sowie deren Zytotoxizität untersucht werden. Um den Bereich der potentiellen Einsatzgebiete der Nanopartikel, durch die Möglichkeit zur Biokonjugation von Proteinen, Antikörpern oder ähnlichem, zu vergrößern, sollen zudem geeignete Methoden zur Oberflächenmodifizierung etabliert werden.

Im zweiten Teil der Arbeit wird eine weitere wässrige Synthese etabliert, welche innerhalb eines Hydrogels durchgeführt wird. Dadurch werden die Diffusionsraten der Reaktanden deutlich herabgesetzt und Konvektion unterbunden, wodurch eine bessere Kontrolle des Kristallitwachstums ermöglicht werden soll.[14] Solch eine diffusionskontrollierte Synthese von Eisenoxidnanopartikeln ist bereits vereinzelt in der Literatur beschrieben,[15-17] wobei in der vorliegenden Arbeit jedoch erstmalig geeignete Methoden etabliert werden, um die Nanopartikel nach deren Synthese aus dem Hydrogel zu isolieren und durch verschiedene Verfahren zu stabilisieren. Anschließend wird durch eine ausführliche Charakterisierung die Eignung dieser Syntheseroute zur Entwicklung neuer MPI-Tracer und MR-Kontrastmittel bewertet.

2 Theoretische Grundlagen

Dieses Kapitel beinhaltet die theoretischen Grundlagen des Magnetismus insbesondere von Nanopartikeln, der Magnetresonanztomographie und des Magnetic Particle Imaging. Weiterhin werden Syntheserouten von magnetischen Eisenoxidnanopartikeln sowie Möglichkeiten zur Stabilisierung und Funktionalisierung beschrieben.

2.1 Grundlagen des Magnetismus

Das magnetische Moment $\vec{m}$ eines freien Atoms, welches ein Maß für die Stärke eines magnetischen Dipols ist, hat prinzipiell zwei Ursachen. Dies ist zum einen der Eigendrehimpuls der Elektronen, welcher als Spin bezeichnet wird, und zum anderen der Bahndrehimpuls, welcher die Bewegung der Elektronen um den Atomkern beschreibt. Beide Effekte liefern einen paramagnetischen Beitrag zur Magnetisierung $\vec{M}$, welche die Summe der magnetischen Momente pro Volumeneinheit V beschreibt:

$$\vec{M} = \frac{\sum \vec{m}}{V} \qquad \text{(Gl. 2.1)}$$

Der Eigendrehimpuls des Atomkerns liefert ebenfalls einen Beitrag, allerdings ist dieser um Größenordnungen kleiner als der des Elektrons und wird somit von diesem überdeckt (Eben dieser Kerndrehimpuls wird jedoch bei der Kernresonanz detektiert.[18]). Ferner kann ein äußeres magnetisches Feld eine Änderung des Bahndrehimpulses der Elektronen induzieren. Diese ist gemäß der Lenz'schen Regel[19] dem äußeren Feld entgegen gerichtet und liefert somit einen diamagnetischen Beitrag zur Magnetisierung.

Die volumetrische magnetische Suszeptibilität χ, welche die Magnetisierung, die durch ein äußeres Feld der Stärke $\vec{H}$ induziert wird, beschreibt, ist definert als:

$$\chi = \frac{\vec{M}}{\vec{H}} \qquad \text{(Gl. 2.2)}$$

Diese Magnetisierung trägt zu der Gesamtantwort bei, welche durch die magnetische Flussdichte $\vec{B}$ beschrieben wird:

$$\vec{B} = \mu_0(\vec{H} + \vec{M}) \qquad \text{(Gl. 2.3)}$$

Hierbei bezeichnet μ_0 die Permeabilität des freien Raumes.

Prinzipiell kann das Verhalten von Materie in einem magnetischen Feld in dia- und paramagnetisch unterteilt werden.

Diamagnetische Materialien, deren Atome, Ionen oder Moleküle ausschließlich vollständig besetzte Elektronenschalen aufweisen, besitzen kein permanentes magnetisches Moment, da sich die durch Eigen- und Bahndrehimpulse erzeugten magnetischen Momente der einzelnen Elektronen gegenseitig aufheben.[18] Werden solche Materialien einem magnetischen Feld ausgesetzt, so wird ein Strom induziert, der ein inneres Magnetfeld erzeugt. Dieses ist nach der Lenz'schen Regel dem äußeren Feld entgegen gerichtet und führt somit zu einer Abschwächung des Feldes. Diamagnetische Stoffe besitzen folglich eine negative magnetische Suszeptibilität.

Bei paramagnetischen Materialien resultiert hingegen ein permanentes magnetisches Moment aus dem Bahndrehimpuls unvollständig besetzter Elektronenschalen sowie dem Eigendrehimpuls ungepaarter Elektronen. Ohne äußeres Magnetfeld besitzen diese Stoffe jedoch keine messbare Magnetisierung, da die einzelnen Momente durch thermische Energie in Rotation versetzt werden, wodurch deren Vektoren statistisch im Raum verteilt sind. Durch Anlegen eines äußeren Feldes richten sich die magnetischen Momente parallel zur Feldrichtung aus und verstärken es, weshalb diese Stoffe eine positive magnetische Suszeptibilität aufweisen. Diese Materialien besitzen ebenfalls einen geringen Anteil diamagnetischer Suszeptibilität, welche jedoch durch die paramagnetischen Beiträge überdeckt wird. Durch Entfernung des äußeren Feldes geht die parallele Ausrichtung und somit auch die Magnetisierung wieder verloren.

2.1.1 Kooperative Effekte

Neben Dia- und Paramagnetismus gibt es kooperative magnetische Phänomene wie Ferro-, Ferri- und Antiferromagnetismus. Hierbei finden Wechselwirkungen zwischen den magnetischen Momenten statt, die zu paralleler oder antiparalleler Spinanordnung führen (siehe Abb. 1).

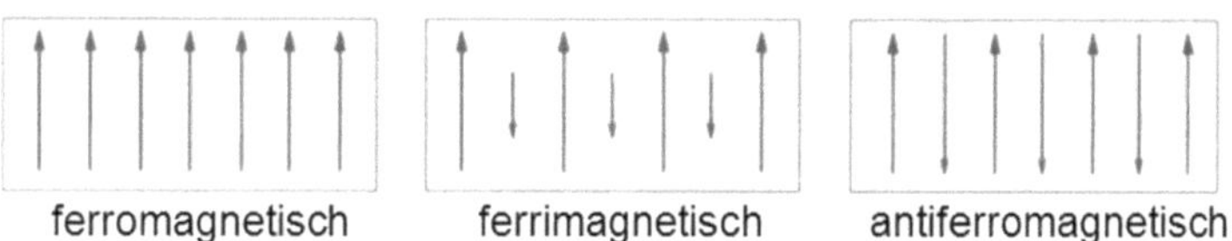

Abb. 1: Schematische Darstellung der Spinanordnung in kooperativen Magnetismen. Adaptiert nach *Koksharov*[20]

In beispielsweise Eisenoxiden wie Magnetit (Fe_3O_4), Maghemit (γ-Fe_2O_3) oder Wüstit (FeO) kommt es durch die unvollständige Besetzung der Tetraeder- und Oktaederlücken im kubisch dichtest gepackten Sauerstoffionengitter zur Ausbildung der magnetischen Untergitter A (Tetraederplätze) und B (Oktaederplätze). Die Spins innerhalb der Gitter stehen sich parallel gegenüber, die Gitter hingegen antiparallel. Besitzen die Untergitter ein identisches magnetisches Moment, so heben sie sich gegenseitig auf und es resultiert ein Gesamtmoment von Null. Diese Form der magnetischen Ordnung wird als Antiferromagnetismus bezeichnet und tritt beispielsweise beim Wüstit auf.[21]

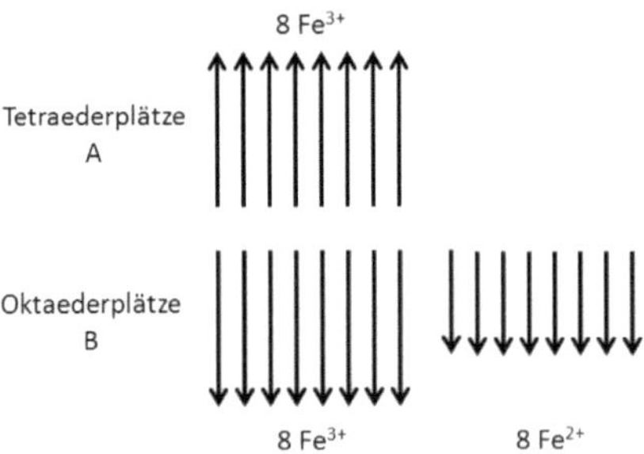

Abb. 2: Spinanordnung in Magnetit. Adaptiert nach *Spieß et al.*[22]

Magnetit und Maghemit kristallisieren hingegen in einer Spinell-Struktur, in welcher die Lückenplätze im Kristallgitter unterschiedlich besetzt sind (siehe Abb. 2). Dadurch sind die magnetischen Momente der Untergitter A und B nicht identisch und heben sich nur teilweise auf, was als Ferrimagnetismus bezeichnet wird.[23]

Makroskopische Ferrimagnete sind in viele kleine Bereiche, sogenannte Weiss'sche Bezirke oder magnetische Domänen, unterteilt, welche durch Bloch-Wände voneinander getrennt sind. Innerhalb einer Domäne sind sämtliche resultierende Spins parallel ausgerichtet, sprich die Domäne ist magnetisch gesättigt. Da die Ausrichtung der Domänen wiederum statistisch verteilt ist, resultiert ein Gesamtmoment nahe Null. Durch Anlegen eines externen Magnetfeldes richten sich die Domänen parallel in Feldrichtung aus, bis eine Sättigungsmagnetisierung M_S erreicht wird. Bei geringen Feldstärken verschieben sich dabei zunächst die Bloch-Wände zugunsten derjenigen Domänen, deren Spins bereits in Feldrichtung ausgerichtet sind. Mit zunehmender Feldstärke kommt es zur sprunghaften Ummagnetisierung weiterer Domänen, bezeichnet als sogenannte Barkhausensprünge. Nach Abschalten des Magnetfeldes nimmt die Magnetisierung wieder ab, wobei jedoch eine Restmagnetisierung M_r, auch Remanenz genannt, zurückbleibt. Soll das Material komplett entmagnetisiert werden, so muss die entgegengesetzt gerichtete Koerzitivfeldstärke H_c aufgewendet werden. Daraus resultiert die typische Hystereseschleife (siehe Abb. 3).[20]

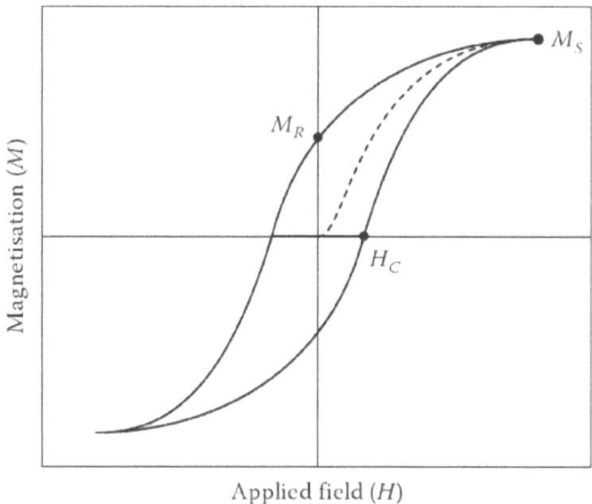

Abb. 3: Typische Hysteresekurve eines ferromagnetischen Materials mit Markierung der Sättigungsmagnetisierung M_S, der Sättigungsfeldstärke H_S, der Remanenz M_r und der Koerzitivfeldstärke H_C. Entnommen aus[24]

Während es eine Vielzahl verschiedener Eisenoxidmodifikationen gibt,[25] sind für biomedizinische Anwendungen nahezu ausschließlich die beiden ferrimagnetischen Oxide Magnetit und Maghemit von Interesse.[26] Das oxidationsempfindliche Magnetit weist bei Raumtemperatur mit 480 kA/m eine höhere Sättigungsmagnetisierung auf als Maghemit, dessen Sättigungsmagnetisierung etwa 400 kA/m beträgt.[27]

2.1.2 Größeneffekt

Die magnetischen Eigenschaften ferro- und ferrimagnetischer Stoffe sind stark von deren Größe abhängig. Während *bulk*-Materialien in viele magnetische Domänen unterteilt sind, sinkt deren Anzahl mit abnehmender Teilchengröße. Unterhalb einer kritischen Größe ist es für ein Teilchen energetisch ungünstig, eine Domänenunterteilung auszubilden. Somit besteht dieses Teilchen nur aus einer einzigen magnetischen Domäne, in welcher sämtliche Spins parallel zueinander angeordnet sind.

Bei weiterer Abnahme der Größe zeigen die Teilchen superparamagnetisches Verhalten. Dieses ist dadurch gekennzeichnet, dass die thermische Energie der Umgebung ausreicht, um die magnetischen Momente in Rotation zu versetzen, wodurch die parallele Ausrichtung der Spins aufgehoben wird. Solche Partikel besitzen weder Hysterese noch Remanenz. Grund für die Rotation ist die

Anisotropieenergie ΔE_A, welche die aufzubringende Energiebarriere zur Ummagnetisierung beschreibt.

$$\Delta E_A = KV_c \qquad\qquad (\text{Gl. 2.4})$$

Hierbei bezeichnet K die Anisotropiekonstante und V_c das Partikelkernvolumen. Bei Superparamagnetismus ist ΔE_A bei Raumtemperatur vergleichbar mit der thermischen Energie $k_B T$ (k_B = Boltzmann-Konstante), wodurch die Spinrotation erzeugt wird.

Physikalisch erfolgt die Rotation der magnetischen Momente über die Néel- und Brown-Relaxation, welche mit Hilfe der Relaxationszeit τ beschrieben werden können. Diese beschreibt den zeitlichen Verlust des Magnetisierungsvektors nach Abschalten eines externen Magnetfeldes, durch welches die magnetischen Momente zuvor ausgerichtet wurden.

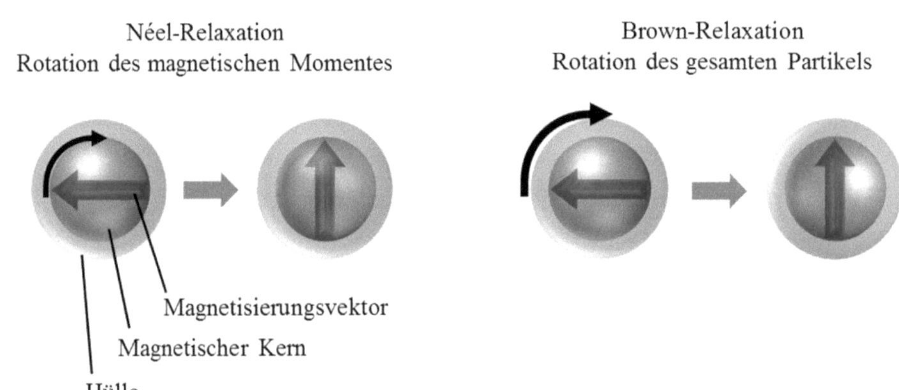

Abb. 4: Schematische Darstellung der Relaxationsmechanismen magnetischer Nanopartikel. Während bei der Néel-Relaxation das magnetische Moment innerhalb eines Partikels rotiert, beschreibt die Brown-Relaxation die Rotation des gesamten Partikels.

Dabei ist die Néel-Relaxation durch die interne Rotation des magnetischen Momentes eines fixierten Partikels charakterisiert (siehe Abb. 4 links) und gemäß (Gl. 2.5) exponentiell vom Kernvolumen V_c abhängig.

$$\tau_N = \tau_0 e^{\frac{KV_c}{k_B T}} \qquad\qquad (\text{Gl. 2.5})$$

Mit dem materialspezifischen Faktor τ_0.

Die Brown-Relaxation beschreibt hingegen die physikalische Rotation des gesamten Partikels mitsamt seines Spins (siehe Abb. 4 rechts) und ist laut (Gl. 2.6) proportional zum hydrodynamischen Partikelvolumen V_H.

$$\tau_B = \frac{3\eta V_H}{k_B T} \qquad \text{(Gl. 2.6)}$$

Mit der Viskosität der umgebenden Flüssigkeit η.

Die effektive Relaxationszeitkonstante τ_{eff} ist die Überlagerung aus Néel- und Brown-Relaxation und kann durch (Gl. 2.7) genähert werden.

$$\tau_{eff} = \frac{\tau_B \tau_N}{\tau_B + \tau_N} \qquad \text{(Gl. 2.7)}$$

Welcher der beiden Mechanismen dominiert, hängt somit vom Kern- als auch vom hydrodynamischen Durchmesser ab. Abb. 5 zeigt die Néel- und Brown-Relaxationszeiten in Abhängigkeit der Teilchengröße für typische Parameter von Magnetitpartikeln in wässriger Suspension (Hüllendicke = 10 nm, η = 1 mPa·s, K = 10 kJ/m³, T = 300 K). Die Abbildung verdeutlicht, dass Partikel mit Kerndurchmessern kleiner 20 nm hauptsächlich nach dem Néel-Mechanismus relaxieren, während größere Partikel vorrangig eine Brownsche Relaxation aufweisen.

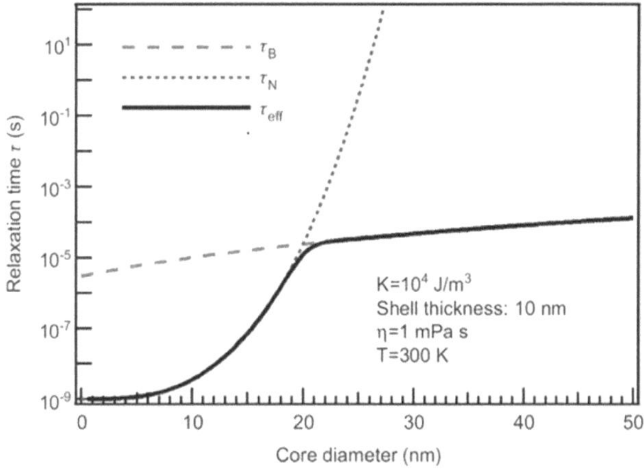

Abb. 5: Brown-, Néel- und effektive Relaxationszeiten von Magnetitnanopartikeln in Abhängigkeit des Kern- und hydrodynamischen Durchmessers für Hüllendicke = 10 nm, η = 1 mPa·s, K = 10 kJ/m³, T = 300 K. Entnommen aus[28]

Neben der Abhängigkeit von der Partikelgröße bzw. dem Partikelvolumen hängt die Eigenschaft des Superparamagnetismus auch von der Anisotropiekonstante K ab (siehe (Gl. 2.4)). Die Anisotropie beschreibt die Vorzugsrichtung der Magnetisierung innerhalb eines Partikels. Dies bedeutet, dass die Magnetisierung eine bestimmte Richtung bevorzugt, welche als leichte Achse bezeichnet wird. Liegt der physikalische Ursprung dieser Vorzugsrichtung in der Kristallstruktur, so spricht man von magnetokristalliner Anisotropie. Für Magnetit liegt diese beispielsweise in [111]-Richtung.[29] Prinzipiell wird die Sättigungsmagnetisierung bei Messung entlang der leichten Achse bei geringeren Feldstärken erreicht als bei Messung entlang der schweren Achse. Eine weitere Form der magnetischen Anisotropie ist die Formanisotropie, welche bei nicht sphärischen Partikeln auftritt. Die Oberflächenanisotropie beruht hingegen auf der Präsenz einer magnetisch toten Schicht auf der Oberfläche eines magnetischen Partikels, welche durch den Bruch der Translationssymmetrie des kristallinen Festkörpers erzeugt wird.[26] Da die Ausrichtung dieser Oberflächenspins nur bei sehr hohen Feldstärken erfolgt, ist die Sättigungsmagnetisierung bei einer üblichen Magnetisierungsmessung scheinbar vermindert. Aus diesem Grund wird die Summe dieser magnetischen Momente auch als magnetisch tote Schicht bezeichnet. Da der Anteil einer solchen Schicht mit abnehmendem Partikeldurchmesser zunimmt, verringert sich auch die Sättigungsmagnetisierung mit abnehmender Partikelgröße.

Superparamagnetismus ist folglich abhängig von der Temperatur aber auch von der Teilchenart und -form. Für sphärische Magnetitpartikel liegt die kritische Teilchengröße für Eindomänenteilchen bei 128 nm. Für Maghemit liegt diese bei 166 nm.[30] Unterhalb etwa 30 nm sind beide Oxide superparamagnetisch bei Raumtemperatur.[31]

2.2   Eisenoxidnanopartikel in der medizinischen Bildgebung

Die medizinische Bildgebung ermöglicht die Visualisierung von inneren Körperstrukturen und ist somit ein geschätztes Werkzeug der medizinischen Diagnostik, welches zahlreiche invasive Eingriffe ersetzt. Hierfür steht der Medizin heutzutage ein breites Spektrum an Methoden zur Verfügung. Einige Beispiele hierfür sind die Positronenemissionstomographie (PET), die Röntgen- und Ultraschallbildgebung (CT, US) sowie die optische Bildgebung. Eine weitere Methode, welche insbesondere für die Abbildung von Weichteilen geeignet ist, wird als Magnetresonanztomographie bezeichnet. Hierbei werden Eisenoxid-nanopartikel schon seit geraumer Zeit als Kontrastmittel eingesetzt und führen beispielsweise zu einer verbesserten Früherkennung von Leberläsionen, indem sie den Tumor-zu-Leber-Kontrast deutlich erhöhen.[32] Aufgrund der Pharmakokinetik der Eisenoxidnanopartikel, auf die unter Punkt 2.2.2.2 noch näher eingegangen wird, eignen sie sich weiterhin hervorragend zur Diagnose von Metastasen in Lymphknoten sowie zur Darstellung von Knochenmarksläsionen.[5] Weiterhin ist der Einsatz in der MR-Angiografie zur Bewertung von Stenosen und Thrombosen zu erwähnen,[33] sowie der experimentelle und präklinische Einsatz zielgerichteter Partikel-Antikörper-Konjugate zur Bildgebung von Tumoren, Entzündungen, kardiovaskulären, neurovaskulären oder degenerativen Erkrankungen.[3]

Eine weitere Methode der bildgebenden Diagnostik, welche sich noch in der Entwicklung befindet, ist das Magnetic Particle Imaging. Dies ist gleichzeitig die erste medizinische Anwendung, in der Eisenoxidnanopartikel nicht nur zur Kontrastverstärkung eingesetzt werden, sondern die einzige Quelle des Signals sind.[34] Aufgrund des gleichen Tracermaterials ergeben sich ähnliche Anwendungsgebiete wie in der MRT. Im Fokus stehen dabei aktuell aufgrund der höheren zeitlichen Auflösung sowie der höheren Sensitivität insbesondere kardiovaskuläre Anwendungen sowie zielgerichtete Bildgebungen.[34] Beide Methoden, MRT und MPI, werden in den folgenden Kapiteln ausführlich beschrieben.

Eine weitere interessante Anwendung von Eisenoxidnanopartikeln in der medizinischen Bildgebung ist das sogenannte *stem cell tracking*. Aufgrund der Fähigkeit von Stammzellen mehrere Zellteilungszyklen durchführen zu können sowie der Möglichkeit zur Differenzierung in verschiedene Zelltypen, ist die Stammzelltransplantation eine vielversprechende neue therapeutische Strategie, welche großes Potential in der Behandlung vieler degenerativer Erkrankungen hat.[35] So gibt es beispielsweise bereits mehrere klinische Studien in denen mesenchymale Stammzellen zur Gewebereparatur, zur Regeneration von Knochendefekten[36] oder auch zur Behandlung von Schlaganfall-[37] oder Herzinfarktpatienten[38] eingesetzt wurden. Eine Strategie um die Stammzellen nach Transplantation nicht-invasiv zu lokalisieren und deren Ausbreitung zu beobachten, besteht in dem Markieren der Zellen mit Eisenoxidnanopartikeln, sodass sie mittels bildgebender Methoden, wie MRT oder MPI, *in vivo* visualisiert werden können.[39]

2.2.1 Magnetic Particle Imaging

MPI ist ein neues und innovatives bildgebendes Verfahren, welches die Darstellung der dreidimensionalen Verteilung magnetischer Nanopartikel mit hoher zeitlicher und räumlicher Auflösung ermöglicht.[40] Im Gegensatz zu anderen bildgebenden Methoden, wie der PET oder der CT, wird dabei keine ionisierende Strahlung verwendet. Weiterhin wird beim MPI im Gegensatz zur MRT, bei der das Kontrastmittel das Relaxationsverhalten der umgebenden Protonen beeinflusst, das detektierbare Signal von den Partikeln selbst erzeugt. Da das magnetische Moment solcher Partikel um etwa acht Größenordnungen höher ist als das magnetische

Moment der Protonen, birgt das MPI einen enormen Vorteil hinsichtlich der Sensitivität.[41] Darüber hinaus ist die um etwa vier Größenordnungen schnellere Relaxation der Grund für die hohe zeitliche Auflösung.[42] Da Gewebe diamagnetisch ist, generiert es kein störendes Hintergrundsignal, wodurch die Darstellung der Tracerverteilung mit hervorragendem Kontrast ermöglicht wird. Andererseits werden aber auch keine anatomischen Strukturen abgebildet, was die Lokalisierung erschwert.[34] Abhilfe schafft hierbei jedoch die Entwicklung von MPI-MRT-Hybridsystemen.[43]

2.2.1.1 Grundprinzip

Das Grundprinzip des MPI beruht auf drei Eigenschaften des Tracers. Diese sind die Nichtlinearität der Magnetisierungskurve ferromagnetischer Partikel, die Tatsache, dass die Magnetisierung bei bestimmten Feldstärken gesättigt ist sowie die superparamagnetischen Eigenschaften, wenn eine kritische Teilchengröße nicht überschritten wird.[10] Die Signalgenerierung ist in Abb. 6 (links) dargestellt.

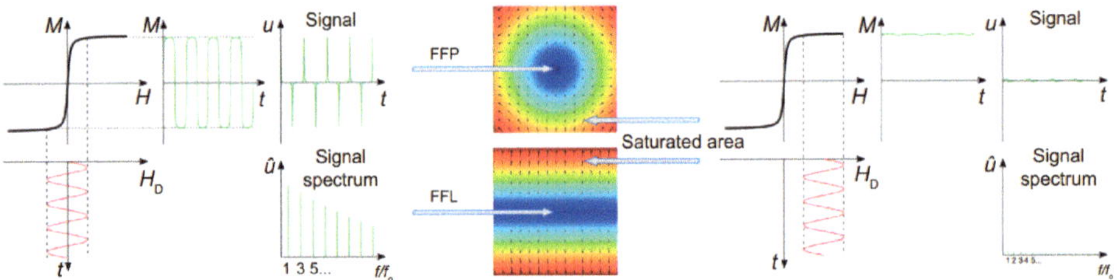

Abb. 6: Grundprinzip des MPI: Links: Ein oszillierendes Magnetfeld $H_D(t)$ erzeugt eine Partikelantwort M(t), welche eine Spannung in den Empfangsspulen induziert und somit das zeitabhängige Rohsignal u(t) generiert. Aufgrund der Nichtlinearität der Magnetisierungskurve M(H), enthält das Magnetic Particle Spectrum $\hat{u}(f/f_0)$ höhere Harmonische der Anregungsfrequenz f_0. Mitte: Grafische Darstellung eines FFP bzw. einer FFL. Ausschließlich Partikel innerhalb bzw. in unmittelbarer Nähe des feldfreien Bereiches (blau) liefern eine Partikelantwort. Rechts: Partikel außerhalb des FFP bzw. der FFL sind magnetisch gesättigt und generieren somit keine höheren Harmonischen. Entnommen aus[34]

Hierbei werden magnetische Eisenoxidnanopartikel einem oszillierenden magnetischen Feld *$H_D(t)$*, welches als Anregungsfeld bezeichnet wird, ausgesetzt. Die Höhe der Amplitude muss dabei gewährleisten, dass die Magnetisierung der Partikel möglichst weit in den nichtlinearen Bereich der Magnetisierungskurve *M(H)* geht.[44] Zur Ermittlung der zeitabhängigen Änderung der Magnetisierung *M(t)* wird deren Spannungsinduktion *u(t)* in Empfangsspulen aufgenommen. Die Fourier-Transformation der Magnetisierungsantwort *M(t)* liefert das Magnetic Particle Spectrum (MPS) *$\hat{u}(f/f_0)$*. Aufgrund der Nichtlinearität der

Magnetisierungskurve unterscheidet sich das Spektrum der Partikel von dem des Anregungsfeldes. Speziell beinhaltet das Spektrum des Anregungsfeldes nur die Grundfrequenz, wohingegen die Partikelantwort ebenso ganzzahlige Vielfache dieser enthält. Diese werden als höhere Harmonische oder Oberschwingungen bezeichnet und ermöglichen die Unterscheidung des Signals, welches vom Tracer generiert wurde, von demjenigen, welches das Anregungsfeld erzeugt.

2.2.1.2 Ortskodierung

Die Ortskodierung erfolgt im MPI durch Überlagerung des Anregungsfeldes mit statischen Magnetfeldgradienten über das gesamte Field of View (FOV). Dieses sogenannte Selektionsfeld wird durch Maxwell-Spulen generiert und weist einen feldfreien Punkt (FFP) auf.[10, 45] Die Amplitude des Selektionsfeldes muss dabei hoch genug sein, um sämtliche Partikel außerhalb des FFP magnetisch zu sättigen, wodurch die Generierung von Harmonischen unterdrückt wird (Abb. 6 rechts). Dadurch resultiert das erhaltene Signal, in Form höherer Harmonischer, ausschließlich von Partikeln im FFP bzw. in unmittelbarer Nähe. Alternativ zum FFP kann auch eine feldfreie Linie (FFL), welche eine höhere Sensitivität verspricht, für die Ortskodierung verwendet werden.[46] Die Bewegung des FFP bzw. der FFL durch das FOV kann mechanisch oder Feld-induziert erfolgen. Bei letzterem erfolgt die Bewegung des FFP bzw. der FFL durch Überlagerung des zeitlich konstanten Selektionsfeldes durch homogene Wechselmagnetfelder, welche dann als Drive Fields bezeichnet werden. Mittels geeigneter Trajektorien wird somit das zu untersuchende Volumen abgerastert.[10, 47]

2.2.1.3 Bildrekonstruktion

Aufgrund des komplexen Aufbaus eines MPI-Scanners und daraus resultierenden Magnetfeldinhomogenitäten sowie des komplexen Verhaltens magnetischer Nanopartikel ist eine Bildrekonstruktion zwingend erforderlich. Neben der Weiterentwicklung der MPI-Scanner und der Optimierung magnetischer Partikel für das MPI zählt die Entwicklung geeigneter Methoden zur Bildrekonstruktion zu einem weiteren wichtigen Forschungsbereich. Dabei kann prinzipiell in messbasierte und modellbasierte Methoden unterteilt werden.[48] Da bei letzterer verschiedene Annahmen bezüglich des komplexen Tracerverhaltens als auch der Reinheit der Magnetfelder getroffen werden müssen, liegt die Bildqualität heutzutage noch deutlich unterhalb der von messbasierten Rekonstruktions-methoden.[34] Bei dieser wird eine Kontrollprobe bekannter Konzentration mit Hilfe eines Roboters Voxel für Voxel durch das FOV bewegt, wodurch die

Systemfunktion dieses Partikelsystems erhalten wird. Diese beschreibt das Signal des Tracers an jedem Punkt im FOV und stellt somit eine Kalibrierung zwischen Scanner und Tracer dar, da sie die Information der Feldinhomogenitäten und des Partikelverhaltens enthält.[49] Der größte Nachteil dieser Methode liegt in dem hohen Zeitaufwand der für die Ermittlung der Systemfunktion erforderlich ist. Gleichzeitig stellt sie jedoch für dreidimensionale Rekonstruktionen die bisher einzige Möglichkeit dar.[50]

2.2.1.4 Der Tracer

Magnetische Nanopartikel sind das Kernstück im MPI; ohne Tracer keine höheren Harmonischen und somit keine Bildinformation. Dabei ergibt sich aus den zuvor ausgeführten Erläuterungen, dass die Intensität und Wichtung der höheren Harmonischen im MPS bzw. die Sensitivität und Auflösung im MPI von der Form der Magnetisierungskurve und der Dynamik der Nanopartikel, sowie dem Schwingungsverlauf und der Amplitude des Anregungsfeldes abhängen.

Hierbei stellt eine Magnetisierungskurve in Form einer Stufenfunktion – also mit unendlich hoher magnetischer Suszeptibilität – den theoretischen Idealfall dar.[49] Vernachlässigt man die Dynamik so besäße deren Spektrum eine unbegrenzte Anzahl höherer Harmonischer mit identischer Amplitude. Die Anwendung solcher Partikel im MPI würde wiederum gewährleisten, dass Partikel unmittelbar neben dem FFP, selbst bei geringem Anstieg des Magnetfeldgradienten des Selektionsfeldes, bereits vollständig gesättigt wären und nicht zum Signal beitragen, wodurch die höchstmögliche Auflösung garantiert wird. In der Realität besitzen Partikel jedoch eine endliche Suszeptibilität, welche insbesondere von der Kristallitgröße und -form abhängig ist. So weisen beispielsweise nicht perfekt sphärische Partikel eine Formanisotropie auf, die eine verringerte Suszeptibilität verursacht.[51]

Die Amplituden der Harmonischen im MPS, welche ein Maß für die Sensitivität des Tracers im MPI sind, hängen hingegen unter anderem von dem magnetischen Moment der Nanopartikel und somit von deren Sättigungsmagnetisierung ab. Diese ist ebenfalls unter anderem von der Kerngröße abhängig, da beispielsweise bei sehr kleinen Partikeln die Oberflächenanisotropie, welche eine sogenannte magnetisch tote Schicht bewirkt, in Erscheinung tritt.[52] Auch die Reinheit der Eisenoxidphase spielt hierbei eine Rolle, da beispielsweise Magnetit eine höhere Sättigungs-magnetisierung aufweist als das oxidierte Maghemit.[26]

Somit sollte, nach wie vor unter Vernachlässigung der Partikeldynamik, die Qualität des Spektrums bzw. die MPI-Performance mit steigendem Kerndurchmesser phasenreiner Magnetitpartikel zunehmen, solange die kritische Größe für Superparamagnetismus nicht überschritten wird.[34]

Nun ist jedoch zu beachten, dass die magnetischen Momente der Nanopartikel, wie unter 2.1.2 beschrieben, eine gewisse Zeit benötigen, um sich an einem externen Feld auszurichten. Eine Phasenverschiebung des Vektors des magnetischen Momentes gegenüber dem Vektor des Anregungsfeldes wird als Relaxationseffekt bezeichnet und führt zu einem steileren Harmonischenabfall im MPS bzw. einer verminderten Auflösung im MPI.[42] Der Mechanismus der Relaxation der magnetischen Momente wird dabei, wie bereits beschrieben, in Néelsche (interne Rotation) und Brownsche (Rotation des gesamten Partikels) Relaxation unterteilt. Welcher dieser Mechanismen dominiert, hängt von einer Vielzahl von Parametern ab. Diese sind einerseits der Kerndurchmesser, die Anisotropie und die hydrodynamische Größe auf Partikelseite, als auch die Frequenz und Amplitude des Drive Fields auf Scannerseite. Weiterhin beeinflussen auch die Art und Temperatur des umgebenden Mediums die Relaxation.[53] Aufgrund der aktuell verwendeten Frequenzen von 25 kHz und Amplituden von einigen mT scheint generell die Néel-Relaxation der dominierende Mechanismus zu sein.[34, 53] Da die Néelsche Zeitkonstante mit steigendem Kernvolumen exponentiell zunimmt (siehe (Gl. 2.5) in Kapitel 2.1.2), sind hinsichtlich der Dynamik folglich kleinere Kerne zu bevorzugen.

Nicht zuletzt muss ein geeigneter Tracer, wie oben bereits erwähnt, superparamagnetisch bei der Anwendungstemperatur sein, da eine Verbreiterung der Hystereseschleife und somit das Vorhandensein einer magnetischen Remanenz mit einem deutlichen Signalverlust einhergeht.

Zusammengefasst bilden die Zunahme der Relaxationszeit, der Sättigungs-magnetisierung und der magnetischen Suszeptibilität sowie der Verlust superparamagnetischer Eigenschaften mit steigender Partikelgröße gegenläufige Effekte, aus denen durch Modellierungen eine ideale Kerngröße von 30 nm vorgeschlagen wurde.[10] Da die Relaxationseffekte eines Tracers jedoch vom Drive Field abhängig sind, gilt diese Größe nur für eine Amplitude von 10-20 mT sowie eine Frequenz von 25 kHz und muss für jedes andere System separat ermittelt werden. Dabei ist generell zu erwarten, dass die ideale Kerngröße mit zunehmender Frequenz des Drive Fields sinkt.[28]

Bisher wurden ausschließlich die Parameter eines einzelnen Partikels betrachtet. Für die Anwendung eines realen Partikelsystems muss weiterhin berücksichtigt werden, dass in einer Suspension eine Verteilung verschiedener Kerngrößen und hydrodynamischer Größen vorliegt. Um aussagekräftige Informationen zu erhalten, muss gewährleistet werden, dass sämtliche Partikel möglichst identische Signale liefern. Dies wird durch eine hohe Monodispersität bei gleichzeitiger Uniformität garantiert. Zudem wird dadurch zugleich eine ebenfalls wichtige einheitliche Biodistribution/Pharmakokinetik gewährleistet.[9]

Anfänglich wurde die Eignung kommerzieller Eisenoxidnanopartikelsuspensionen, welche meist aus dem MRT-Bereich stammten, als potentielle MPI-Tracer untersucht.[10, 54, 55] Dabei zeigte ausschließlich der frühere MRT-Goldstandard Resovist®, obwohl aus relativ kleinen Kernen aufgebaut, eine akzeptable Performance.[10] Mittlerweile ist Resovist, auch wenn es heutzutage nicht mehr kommerziell vertrieben wird, zur Standardreferenz in der MPI-Community geworden und ermöglicht somit die bessere Vergleichbarkeit von Ergebnissen verschiedener Forschergruppen.[34] Tiefergehende Studien zeigten, dass die, in Bezug auf die geringe Kristallitgröße, unerwartet hohe MPS-Performance von Resovist nicht von den individuellen Kernen, welche eine durchschnittliche Größe von etwa 4 nm aufweisen, herrührt, sondern von Partikelaggregaten, welche sich magnetisch wie Eindomänenpartikel mit einer durchschnittlichen magnetischen Kerngröße von 22 ± 1 nm verhalten.[56] Resovist zählt deshalb zur Gruppe der Multikernpartikel. Während ein Einkernpartikel, wie der Name bereits sagt, aus einem einzelnen Kristallit besteht, setzt sich ein Multikernpartikel aus Aggregaten von mindestens zwei Kernen zusammen. Häufig enthalten die Aggregate jedoch mehrere Hundert Kristallite.

Ein Grund weshalb Multikernpartikel entsprechenden Einkernteilchen vorzuziehen sind, liegt in der Tatsache, dass eine Multikernstruktur die effektive magnetische Anisotropie verringert, sodass die magnetischen Momente dem Anregungsfeld besser folgen können als diejenigen entsprechend großer Einkernpartikel.[57] Weiterhin sind Suspensionen von Multikernpartikeln wahrscheinlich weitaus stabiler als vergleichbare Suspensionen von Einkernpartikeln, da sich die Vektoren der magnetischen Momente der einzelnen Kristallite innerhalb eines Aggregates bei Abwesenheit eines externen Magnetfeldes gegenseitig auslöschen.[56]

2.2.2 Magnetresonanztomographie

Die MRT, häufig auch als Kern-Spin-Tomographie bezeichnet, ist ein bildgebendes Verfahren in der medizinischen Diagnostik.[58] Sie erlaubt die Erzeugung von Schnittbildern des Körpers und verzichtet dabei, wie das MPI, auf den Einsatz ionisierender Strahlung. Sie beruht auf dem Prinzip der Kernspinresonanz (Nuclear Magnetic Resonance, NMR), welche 1946 unabhängig von Bloch[59] und Purcell[60] entdeckt wurde. Die Weiterentwicklung der Technik für die medizinische Diagnostik wurde ab 1973 im Wesentlichen durch Lauterbur[61] und Mansfield[62] vorangetrieben. Das erste Bild eines menschlichen Organismus' wurde im Jahr 1977 erstellt. Seit 1984 findet das Verfahren praktische Anwendung in der medizinischen Diagnostik.[63]

2.2.2.1 Grundprinzip

Die Grundvoraussetzung für die MRT ist der Eigendrehimpuls von Atomkernen mit ungerader Anzahl an Nukleonen (Protonen oder Neutronen), welcher ein magnetisches Moment verursacht. Typische Vertreter, die diesen sogenannten Kernspin aufweisen, sind beispielsweise Wasserstoff (^{1}H), Kohlenstoff (^{13}C), Fluor (^{19}F) oder Phosphor (^{31}P).[64] Das in der klinischen Routine ausschließlich der Kernspin der Protonen in Wasser ausgenutzt wird, hat den einfachen Grund, dass der menschliche Körper zu 63 Atom-% aus Wasserstoff besteht und somit den größten Anteil an Atomkernen mit Kernspin ausmacht.[65]

Bei Abwesenheit eines externen Magnetfeldes sind die Magnetisierungsvektoren der Spins statistisch im Raum verteilt, woraus ein Gesamtmoment von Null resultiert. Werden die Protonen jedoch einem externen statischen Magnetfeld der Stärke B_0 ausgesetzt, so richten sich die Spins entweder parallel oder antiparallel zum Magnetfeld aus. Da die parallele Ausrichtung energetisch günstiger ist und sich folglich geringfügig mehr Protonen parallel ausrichten, kommt es zu einer Magnetisierung in z-Richtung $\vec{M_0}$, welche als *Longitudinalmagnetisierung* bezeichnet wird.[66] Dabei kommen bei einer Feldstärke von 1 T auf 1.000.000 antiparallel ausgerichtete Spins lediglich 1.000.007 parallel ausgerichtete.[67] Zum Messsignal trägt ausschließlich der Überschuss an parallelen Spins bei.

Weiterhin präzedieren sämtliche Spins mit einer identischen Rotationsfrequenz um die z-Achse, welche als Larmor-Frequenz ω_0 bezeichnet wird und nach (Gl. 2.8) abhängig vom Magnetfeld B_0 ist. γ ist das gyromagnetische Verhältnis und abhängig vom Material. Für Protonen beträgt es 42,5 MHz/T.[67]

$$\omega_0 = \gamma \cdot B_0 \qquad \text{(Gl. 2.8)}$$

Wird nun ein Hochfrequenzimpuls (RF-Impuls), welcher die Larmor-Frequenz besitzt, eingestrahlt (Abb. 7a), so kann ein Teil der Energie mit einhergehender Spinumkehr absorbiert werden, wodurch die Magnetisierung entlang B_0 verringert wird. Zusätzlich bewirkt der RF-Impuls, dass die Spins in Phase um die z-Achse präzedieren, wodurch eine *Transversalmagnetisierung* entsteht (Abb. 7b). Diese rotierende Magnetisierung induziert einen messbaren Strom in Empfangsspulen. Je nach Intensität und Dauer des RF-Impulses ändert sich der Magnetisierungsvektor um einen beliebigen Winkel, der als Flipwinkel bezeichnet wird. Abb. 7 zeigt beispielsweise einen 90°-Impuls, welcher den Vektor um 90° kippt.

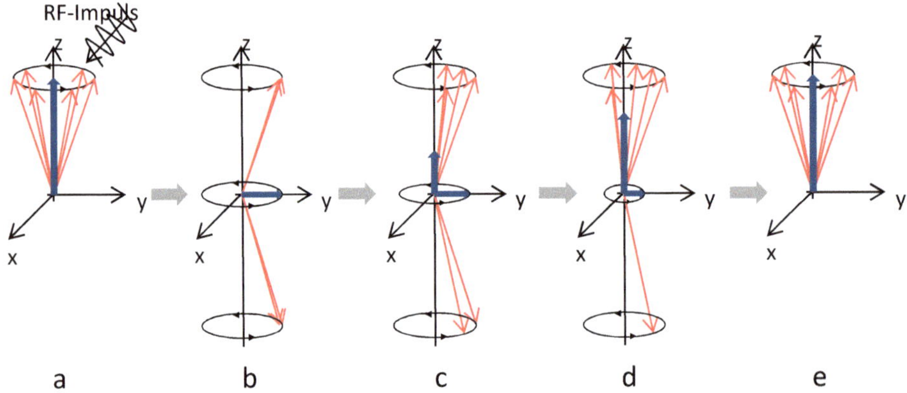

Abb. 7: Vereinfachte Darstellung der longitudinalen und transversalen Relaxation: Das Einstrahlen eines 90°-Impulses im Gleichgewichtszustand (a) führt zur Spinumkehr und Synchronisation der Protonenspins (rot), wodurch der Magnetisierungsvektor (blau) um 90° gekippt wird (b). Nach Abschalten des HF-Impulses kehren die Spins durch abermalige Spinumkehr (longitudinale Relaxation) und Dephasierung (transversale Relaxation) wieder in den Gleichgewichtszustand zurück (c-e). Adaptiert nach [67]

Nach Abschalten des RF-Impulses gehen die Spins wieder in ihren Ausgangszustand zurück (Abb. 7c-e), was als *Relaxation* bezeichnet wird und durch zwei unabhängige Relaxationsprozesse geschieht. Die longitudinale oder Spin-Gitter-Relaxation beschreibt die Wiederkehr der longitudinalen Magnetisierung bis zum Wert M_0, durch das Zurückfallen der Spins auf das niedrigere Energieniveau, wobei Energie an das Gitter (die Umgebung) abgegeben wird. Die longitudinale Relaxationszeit T_1 bezeichnet dabei die Zeit, nach der 63 % der Ausgangsmagnetisierung $\vec{M_0}$ wieder erreicht sind.

Die transversale oder Spin-Spin-Relaxation beschreibt den Verlust der Phasenkohärenz und somit die Abnahme der transversalen Magnetisierung. Dies geschieht einerseits durch Interaktion der Protonenspins untereinander, die zu spontan entstehenden Phasenunterschieden führen. Andererseits existieren auch stationäre lokale Inhomogenitäten im Magnetfeld, die zu abweichenden Larmor-Frequenzen der Spins führen können. Die transversale Relaxationszeit T_2 bezeichnet dabei die Zeit, welche nach Abschalten des RF-Impulses verstreicht, bis die Transversalmagnetisierung auf 37 % des ursprünglichen Wertes gefallen ist. Die Ortskodierung der Signale erfolgt dabei durch Anlegen zusätzlicher Gradienten-felder in x-, y- und z-Richtung.

2.2.2.2 Das Kontrastmittel

Die longitudinalen und transversalen Relaxationszeiten von biologischem Gewebe sind unter anderem abhängig vom Wassergehalt (Protonendichte) und der Viskosität. Dies führt zu unterschiedlichen Signalintensitäten verschiedener Gewebearten in der nativen MRT und erzeugt somit den Kontrast.[64] Um die Aussagekraft der Aufnahmen zu erhöhen, ist es für bestimmte Fragestellungen jedoch notwendig, ein Kontrastmittel zu verabreichen. Dieses enthält paramagnetische oder superparamagnetische Teilchen, welche die Relaxations-prozesse benachbarter Protonen beschleunigen und somit signalmindernd oder -verstärkend wirken. Sie liefern also selbst keine MR-Signale. Zu den häufigsten Vertretern zählen paramagnetische Gadolinium-haltige Verbindungen und superparamagnetische Eisenoxidnanopartikelsuspensionen.

Erstere führen vorrangig zu einer Verkürzung der T_1-Relaxationszeit und somit zu einer Erhöhung der Signalintensität in T_1-gewichteten Aufnahmen. Sie werden deshalb auch als positive Kontrastmittel bezeichnet. Da Gadolinium-Ionen toxisch sind, liegen sie im Kontrastmittel in chelatisierter Form vor. Typische Vertreter sind Magnevist® (Gd-DTPA, Bayer Schering Pharma AG) oder Dotarem® (Gd-DOTA, Guerbet GmbH).[68]

Eisenoxidnanopartikel-haltige Kontrastmittel weisen in Gegenwart eines statischen Magnetfeldes ein starkes magnetisches Moment auf, welches zu lokalen Feldinhomogenitäten führt und dadurch die Dephasierung der Spins stark beschleunigt.[69] Dies führt wiederum vorrangig zu einer verkürzten T_2-Zeit und somit zu einer Signalminderung in T_2-gewichteten Aufnahmen. Sie werden deshalb auch als negative Kontrastmittel bezeichnet. Dass statt superparamagnetischen keine ferro- oder ferrimagnetischen Partikel eingesetzt werden, obwohl diese ebenfalls die erforderlichen Feldinhomogenitäten erzeugen würden, liegt in der Tatsache, dass die verbleibende magnetische Remanenz eine magnetisch induzierte Partikelaggregation bewirken könnte. Solche Aggregate könnten dann kleinere Blutgefäße, wie beispielsweise Lungenkapillaren, verstopfen und somit einen möglicherweise sogar tödlichen Gefäßverschluss herbeiführen. Zugelassene Vertreter aus der Klasse der Eisenoxid-basierten MR-Kontrastmittel sind beispielsweise Resovist® (Ferucarbotran, Bayer Schering Pharma AG) oder Endorem® (Guerbet GmbH).[5]

Die Signalwirkung und somit die Effektivität eines Kontrastmittels wird durch seine Relaxivitäten charakterisiert. Die longitudinalen und transversalen Relaxivitäten (R_1 und R_2) sind definiert als der Anstieg der linearen Regressionsgeraden der gemessenen reziproken Relaxationszeiten (T_i) gegen die Kontrastmittel-konzentration:

$$\frac{1}{T_i} = \frac{1}{T_{i(0)}} + R_i \cdot [CM] \qquad \text{(Gl. 2.9)}$$

Dabei bezeichnet T_i die longitudinale (T_1) oder transversale (T_2) Relaxationszeit bei der Konzentration *[CM]* und $T_{i(0)}$ die Relaxationszeit des reinen Lösungsmittels.[70] Da die Relaxivitäten neben der chemischen Umgebung auch von der Feldstärke und der Temperatur abhängig sind, ist die Angabe dieser Werte für den Vergleich von Resultaten essentiell.

Auch wenn Eisenoxid-basierte Kontrastmittel einen T_1-Effekt haben, wobei dies vorrangig für sehr kleine Partikel zutrifft, so ist es doch ihr ausgeprägter T_2-verkürzender Effekt, der meist ausgenutzt wird.[5] Dabei nimmt die R_2-Relaxivität generell mit steigendem Kerndurchmesser zu.[3]

Da die Entwicklung von MR-Kontrastmitteln bereits über mehrere Jahrzehnte stattfindet, sind Pharmakokinetik, Metabolismus und Toxizität bereits gut erforscht, was auch der Entwicklung von MPI-Tracern zu Gute kommt. So haben vor allem die Partikelgröße und die Oberflächenladung einen entscheidenden Einfluss auf diese Parameter.[71] Üblicherweise verteilen sich Eisenoxidnanopartikel nach intravenöser Applikation im intravaskulären Raum und werden dort innerhalb weniger Minuten opsonisiert und durch selektive Aufnahme in Zellen des mononukleären Phagozytensystems (Makrophagen) schnell aus dem Blut entfernt und vorrangig in Leber (80 – 90 %), Milz (5 – 8 %), Lymphknoten und Knochenmark (1 – 2 %) angereichert.[72, 73] Die Eisenoxidpartikel werden anschließend in Kupffer-Zellen der Leber degradiert und das Eisen dem körpereigenen Eisenpool zugeführt, wo es in Form von Ferritin und Hämosiderin gespeichert wird.[74, 75] Dabei wurde gezeigt, dass beispielsweise kleine Partikel mit neutraler und hydrophiler Oberfläche langsamer opsonisiert und phagozytiert werden als Partikel mit geladener und hydrophober Oberfläche[3]. Weiterhin ist zu erwähnen, dass Eisenoxid-basierte Kontrastmittel verglichen mit anderen eine geringe Toxizität aufweisen.[5]

2.3 Synthese von Eisenoxidnanopartikeln

Zur Synthese von Eisenoxidnanopartikeln steht eine Vielzahl verschiedener Routen zur Verfügung. Dabei zählen die Kopräzipitation im wässrigen Medium sowie die thermische Zersetzung metallorganischer Verbindungen in hochsiedenden organischen Lösemitteln zu den am weitesten verbreiteten Methoden,[57] welche ihre eigenen Vor- und Nachteile mit sich bringen. Das Prinzip der thermischen Zersetzung besteht in der explosionsartigen Nukleation aus einer übersättigten Lösung, gefolgt vom langsamen Wachstum der Primärpartikel, wodurch hochgradig kristalline, uniforme und monodisperse Magnetitpartikel erhalten werden.[76] Dem entgegen steht jedoch die Verwendung toxischer Edukte wie Eisenpentacarbonyl [Fe(CO)$_5$], der hohe apparative Aufwand zur Erreichung der hohen Temperaturen und der Inertgasatmosphäre sowie der, für biomedizinische Anwendungen zwingend notwendige, Phasentransfer der hydrophoben Partikel zur Generierung einer wässrigen Suspension.[57] Die wässrige Kopräzipitation von Fe^{2+} und Fe^{3+} durch eine Base ist hingegen eine vergleichsweise einfache Route, welche durch den Einsatz kostengünstiger Chemikalien und Apparaturen die Herstellung großer Mengen ermöglicht und zudem eine gute Reproduzierbarkeit aufweist. Nachteilig ist hingegen die vergleichsweise breite Partikelgrößenverteilung der Produkte.[77] Eine weitere wässrige Syntheseroute, die ähnliche Vor- und Nachteile wie die Kopräzipitation aufweist, bildet die partielle Oxidation von Eisen(II)-hydroxid und *Green Rust*. Dies ist eine der Methoden, die in dieser Arbeit zur Herstellung von Eisenoxidnanopartikeln verwendet wird.

2.3.1 Partielle Oxidation von Eisen(II)-hydroxid und *Green Rust*

Die Synthese von magnetischen Eisenoxidnanopartikeln über die partielle Oxidation von Eisen(II)-hydroxid und *Green Rust* ist sehr komplexes System, welches bereits vor vielen Jahrzehnten unter der Verwendung von Luft als Oxidationsmittel beschrieben wurde.[78] Unter anaeroben Bedingungen findet bei einem pH > 6 – 7 zunächst eine Hydroxylierung von Fe^{2+} statt und führt zur Präzipitation von weißem Eisen(II)-hydroxid Fe(OH)$_2$ nach (Gl. 2.10).[79]

$$Fe^{2+} + 2\,OH^- \rightarrow Fe(OH)_2 \qquad \text{(Gl. 2.10)}$$

Diese Eisen(II)-phase ist jedoch nur metastabil im basischen Milieu und unter reduzierenden Bedingungen[80] und oxidiert an Luft als auch in wässriger Suspension schnell, wodurch, je nach den Reaktionsbedingungen, sogenannte *Green Rusts*, Magnetit, Goethit (α-FeOOH) als auch Lepidocrocit (γ-FeOOH) gebildet werden.[25, 79] *Green Rusts* sind bläulich-grüne Eisen(II-III)-hydroxysalze und gehören zur Gruppe der *layered double hydroxides* (LDH). Diese bestehen aus positiv geladenen Eisen(II-III)-hydroxidschichten zwischen denen sich negativ geladene Schichten mit Wassermolekülen und Anionen wie SO_4^{2-}, CO_3^{2-} oder Cl^- befinden.[81] Je nach beteiligten Anionen treten verschiedene Strukturen auf. Dabei werden prinzipiell *Green Rusts I* (mit beispielsweise Chlorid- oder Carbonat-Anionen) und *Green Rusts II* (mit tetraedrischen Anionen wie beispielsweise Sulfat und einer festen Zusammensetzung von x = 0,5, wobei x das Verhältnis von Fe^{III}/Fe^{II} beschreibt) unterschieden.[82] Die Oxidation von Eisen(II)-hydroxid zu Eisen(II-III)-hydroxysulfat geschieht nach folgender Gleichung:[83]

$$10\, Fe(OH)_2 + 2\, Fe^{2+} + 2\, SO_4^{2-} + O_2 + 2\, H_2O$$

$$\rightarrow 2\, Fe_4^{II} Fe_2^{III} (OH)_{12} SO_4$$

(Gl. 2.11)

Weiterhin berechneten *Simon et al.* die Menge an gebundenem Wasser und geben die ideale Formel mit $Fe_4^{II}Fe_2^{III}(OH)_{12}SO_4 \cdot {\sim}8\ H_2O$ an.[83]

Neben der Bildung von Eisen(II-III)-hydroxysulfat durch Oxidation von $Fe(OH)_2$ wird das Hydroxysalz auch bevorzugt gebildet, wenn schwach saure oder schwach basische Bedingungen herrschen, da das Löslichkeitsprodukt von $Fe(OH)_2$ dann nicht mehr überschritten ist.[84] Werden weiterhin partiell oxidierte Edukte eingesetzt, so kommt es ebenfalls zur Bildung von Eisen(II-III)-hydroxysalzen. Dies jedoch nur bei x < 2 und $Fe/OH^- = 2$. Bei $x \geq 2$ kristallisieren hingegen direkt Magnetit und Goethit.[79]

Die weitere Oxidation des gebildeten Eisen(II-III)-hydroxysulfates im Basischen führt unter den richtigen Reaktionsbedingungen über einen Lösungs- und Rekristallisationsmechanismus zur Bildung von Magnetit.[85] Hierbei hängt die Art der gebildeten Fe-Phase hauptsächlich von der Oxidationsrate ab. So muss der Precursor *Green Rust* zur Bildung von Magnetit vor der Oxidation vollständig dehydroxyliert werden. Ist die Oxidation zu schnell und findet vor vollständiger Dehydroxylierung statt, so wird bevorzugt Lepidocrocit gebildet.[86] Aber auch der pH-Wert spielt eine wichtige Rolle, da bei Oxidation von $Fe(OH)_2$ oder $Fe_4^{II}Fe_2^{III}(OH)_{12}SO_4$ im Sauren bevorzugt Goethit kristallisiert.[87]

Um eine erhöhte Kontrolle über die vielfältigen Oxidationsprozesse und insbesondere die Oxidationsrate zu erhalten, wird in der vorliegenden Arbeit unter Sauerstoffausschluss gearbeitet und die Oxidation mithilfe des milden Oxidationsmittels KNO_3 eingeleitet. Als Eisenquelle wird ausschließlich Eisen(II)-sulfat eingesetzt. Die Oxidation des Eisen(II-III)-hydroxysulfates findet dann unter anderem nach (Gl. 2.12) statt.[88]

$$4\,Fe_4^{II}Fe_2^{III}(OH)_{12}SO_4 + NO_3^- + 6\,OH^-$$

$$\rightarrow 8\,Fe_3O_4 + NH_4^+ + 4\,SO_4^{2-} + 25\,H_2O \tag{Gl. 2.12}$$

Zusammenfassend werden die Reaktionsbedingungen so gewählt, dass zunächst Eisen(II)-hydroxid und *Green Rust* durch Alkalisieren einer $FeSO_4$-Lösung präzipitiert. Anschließend erfolgt die Überführung in Magnetit mit Hilfe des milden Oxidationsmittels KNO_3.

Da die Reaktionszeit bei Raumtemperatur mehrere Tage bis zu einigen Woche betragen würde,[89] wird die Synthese bei erhöhter Temperatur durchgeführt. Dadurch wird eine ideale Oxidationsrate erreicht und die Reaktionszeit auf wenige Stunden verkürzt.[90]

Weiterhin führen die erhöhte Temperatur und die Anwesenheit des Oxidationsmittels zur Umwandlung des entstehenden oxidationsempfindlichen Magnetits in das stabilere Maghemit nach (Gl. 2.13):

$$2\,Fe_3O_4 + NO_3^- \rightarrow 3\,\gamma - Fe_3O_3 + NO_2^- \tag{Gl. 2.13}$$

Ein wichtiger Parameter in dieser Synthese, welcher unter anderem starken Einfluss auf die Partikelgröße hat, ist das Vorliegen eines Eisen- oder Hydroxid-überschusses, wobei sich letzterer wie folgt berechnet:[91, 92]

$$[OH^-]_{Überschuss} = [NaOH] - 2[FeSO_4] \tag{Gl. 2.14}$$

Kiyama zeigte zudem in einer umfassenden Studie,[78] dass das Verhältnis von Fe^{2+}/OH^- im Zusammenhang mit der Temperatur einen starken Einfluss auf die sich bildende Fe-Spezies hat, wobei anzumerken ist, dass hierbei Luft als Oxidationsmittel verwendet wurde. So wurde ausschließlich Magnetit, abhängig vom vorliegenden Hydroxidüberschuss, erst ab Temperaturen von 40 – 70 °C gebildet. Unterhalb dieser Temperaturen entstanden Mixturen aus Magnetit und Goethit bzw. ausschließlich Goethit.

Zusammenfassend wurde diese Syntheseroute in der Literatur bereits vielfach beschrieben und auch die Syntheseparameter wurden bereits eingehend analysiert.

Allerdings sind so gut wie keine Studien unter Zusatz weiterer Additive zu finden. In vorhergehenden eigenen Arbeiten konnte jedoch bereits gezeigt werden, dass beispielsweise ein Zusatz von Polymeren zu deutlich anderen Partikelstrukturen führt.[13] So werden in Abhängigkeit des Hydroxidüberschusses und ohne Zusatz weiterer Additive kubische oder oktaedrische Einkernpartikel mit einer mittleren Kristallitgröße von 33 – 169 nm erhalten.[92] Bei feststehendem Hydroxidüberschuss von 20 mM und Variation der enthaltenen An- und Kationen konnten *Luengo et al.* die Kristallitgröße ohne Additivzusatz zwischen 30 und 66 nm variieren.[88] *Vereda et al.*, welche eine umfassende Literaturzusammenstellung zum Einfluss verschiedener Syntheseparameter auf die Partikelgrößen und -morphologien anfertigten, sprechen von einer möglichen Variation der Partikelgröße zwischen 30 und 100 nm bei einem Hydroxidüberschuss.[93] Wird dem Syntheseansatz hingegen Natriumcitrat hinzugesetzt, so werden je nach Citratkonzentration deutlich kleinere Einkernpartikel mit mittleren Größen von 27 – 4,8 nm erhalten.[94] In eigenen Studien konnten durch Zusatz von Dextran ebenfalls deutlich kleinere Kristallite mit einer mittleren Kerngröße von lediglich etwa 5 nm synthetisiert werden, welche in größeren Aggregaten zusammengelagert vorliegen. Die so hergestellten Partikel sind, im Gegensatz zur additivfreien Synthese, bereits *in situ* stabilisiert und zeigen hervorragende MPI- und MR-Eigenschaften.[13] Dabei wurde bereits eine Vielzahl verschiedener Parameter variiert und deren Einfluss auf die Partikel und insbesondere deren MPS-Performance und deren Relaxivitäten untersucht. Die erhaltenen Ergebnisse werden nachfolgend kurz zusammengefasst:

- In Übereinstimmung mit *Cornell* werden bei saurem pH-Wert bzw. einem Überschuss der Fe-Spezies neben Magnetit/Maghemit bevorzugt auch nadelförmige und antiferromagnetische Goethitpartikel gebildet.[87]
- Mit zunehmendem Hydroxidüberschuss von 10 – 40 mM sinkt die MPS-Performance.
- Mit sinkender Konzentration des Coatingmaterials (Dextran 70.000 g/mol) sinkt die Ausbeute, während die MPS-Performance konstant bleibt.
- Die Variation der Oxidationsmittelkonzentration (KNO_3) zwischen 50 – 800 mM hat keinen Einfluss auf die Partikelgröße, die Ausbeute sowie die MPS-Performance.
- Der Austausch der Eisenquelle $FeSO_4 \cdot 7\,H_2O$ gegen $FeCl_2 \cdot 4\,H_2O$ hat keinen Einfluss auf die Partikelgröße, die Ausbeute sowie die MPS-Performance.

- Durch magnetische Fraktionierung der hergestellten Partikel können Fraktionen gewonnen werden, deren MPS-Performance weit über der des Ausgangsmaterials liegt.

Ziel der vorliegenden Arbeit ist nun die weitere Optimierung der Syntheseparameter sowie die Aufklärung der Struktur-Wirkungs-Beziehungen durch eine umfassendere Charakterisierung, insbesondere der magnetischen Eigenschaften. Zudem sollen in Vorbereitung auf eine *in vivo*-Anwendung geeignete Methoden zur Partikelformulierung und -sterilisierung gefunden werden. Durch das Aufbringen von positiven und negativen Funktionalitäten durch Oberflächenmodifizierung sollen weiterhin Möglichkeiten zur Biokonjugation eröffnet werden. Abschließend soll die Zytotoxizität der Partikel an verschiedenen Zelllinien sowie deren Potential in der Zellmarkierung analysiert werden.

2.3.2 Diffusionkontrollierte Kopräzipitation im Hydrogel

Neben der Partikelsynthese durch partielle Oxidation von Eisen(II)-hydroxid und *Green Rust* wird zudem die Synthese einer modifizierten Kopräzipitation in einem Hydrogel etabliert.

Die klassische Kopräzipitation oder Mitfällung, welche auch als Methode nach *Massart* bezeichnet wird, zählt zu den einfachsten Wegen, um magnetische Eisenoxidpartikel zu synthetisieren.[95, 96] Hierbei werden Eisen(II)-chlorid Tetrahydrat und Eisen(III)-chlorid Hexahydrat im Molverhältnis $Fe^{2+}/Fe^{3+} = 1/2$ in Wasser gelöst und durch kontinuierliche Zugabe einer starken Base (bspw. NaOH oder NH_4OH) unter Rühren und Sauerstoffausschluss bei Raumtemperatur als Magnetit nach (Gl. 2.15) gefällt.[97]

$$2\,Fe^{3+} + Fe^{2+} + 8\,OH^- \rightarrow Fe_3O_4 + 4\,H_2O \qquad \text{(Gl. 2.15)}$$

Entsprechend der Thermodynamik findet eine vollständige Fällung von Magnetit bei pH 8 – 14 statt.[96] Das stabilere Maghemit kann hingegen nicht direkt durch Fällung von Fe^{3+}-Ionen gewonnen werden,[79] entsteht jedoch durch Oxidation des Magnetits nach (Gl. 2.16).[96]

$$4\,Fe_3O_4 + O_2 \rightarrow 6\,\gamma - Fe_2O_3 \qquad \text{(Gl. 2.16)}$$

Durch Variation des pH-Wertes, der Ionenstärke, der Temperatur und des Verhältnisses von Fe^{2+}/Fe^{3+} können mit der klassischen Kopräzipitation Partikel mit einer mittleren Größe von 2 – 17 nm synthetisiert werden.[96]

Wie oben bereits angemerkt liegt der wohl größte Nachteil der Kopräzipitation in der eingeschränkten Kontrolle über die Partikelgrößenverteilung, da ausschließlich kinetische Faktoren das Wachstum der Kristallite kontrollieren.[96] Wie *Baumgartner* und *Faivre* jedoch zeigten, kann diese kinetische Kontrolle beispielsweise durch eine sehr langsame Mitfällung, bei der die Eisensalzlösung mit einer Geschwindigkeit von lediglich 1 µL/min zur Base hinzugegeben wird, herabgesetzt werden, wodurch auch deutlich größere Partikel von bis zu 100 nm synthetisiert werden können.[98] Eine weitere Möglichkeit die Kinetik einzuschränken, soll in der vorliegenden Arbeit per Durchführung der Mitfällung in einem Hydrogel, wodurch Biomineralisationsprozesse im Labor nachgeahmt werden sollen, untersucht werden.

Biomineralisation ist die Ausbildung fester anorganischer Materialien innerhalb eines biologischen Systems.[99] Diese Materialien weisen häufig bemerkenswerte Eigenschaften, wie zum Beispiel die Kombination aus hoher mechanischer Belastbarkeit und geringem Gewicht wie im Falle von Perlmutt, auf.[100] Neben Lebewesen, die Calcium-basierte Mineralien bilden gibt es jedoch auch solche, die magnetische Eisenoxide kristallisieren. Hier besonders hervorzuheben sind die magnetotaktischen Bakterien. Diese bilden Nanopartikel, welche als Magnetosomen bezeichnet werden und aus reinem und nahezu defektfreiem monokristallinen Magnetit bestehen. Sie sind von Biomembranen umgeben, welche die Partikel stabilisieren und weisen weiterhin eine außergewöhnlich hohe Monodispersität in Größe und Form auf.[101] All diese Eigenschaften scheinen ideale Voraussetzungen für die Anwendung von Magnetosomen als Tracer im MPI oder auch als Kontrastmittel in der MRT zu sein. Tatsächlich belegen erste Ergebnisse, dass die bisher besten MPS-Performances in der Literatur bei Magnetitnanopartikeln aus magnetotaktischen Bakterien beobachtet wurden.[102]

Die Kultivierung von magnetotaktischen Bakterien ist jedoch sehr aufwendig und die Ausbeute relativ gering.[103] Um dennoch von diesen hervorragenden Eigenschaften profitieren zu können, richtet sich die Aufmerksamkeit aktueller Forschung neben der Optimierung der Kultivierungsbedingungen[104] auch auf die Identifizierung der, an der Biomineralisation beteiligten, Proteine[105, 106] sowie die allgemeine Aufklärung des Mineralisationsprozesses.[107] Somit kann mittels Genmodifikationen beispielsweise die Größe und Anzahl an Magnetosomen variiert werden.[108] Mithilfe der Aufklärung des Mineralisationsprozesses werden hingegen biomimetische und bioinspirierte Syntheserouten entwickelt, die das Ziel haben, die Biomineralisationsprozesse *in vitro* nachzuahmen.[109] Dabei werden beispielsweise Proteine, welche am Biomineralisationsprozess beteiligt sind, exprimiert und isoliert, um sie anschließend in einer klassischen Mitfällung von Magnetit-nanopartikeln als Zusatz einzusetzen. So führt in etwa der Zusatz des rekombinanten bakteriellen Proteins *Mms6* zu deutlich veränderten Partikelgrößen und -formen.[90, 110]

Ein alternativer Weg, der in dieser Arbeit verfolgt werden soll, besteht in der Nachahmung von Biomineralisationsprozessen auf rein chemisch-physikalischem Weg. So spielen neben Proteinen auch andere Biomakromoleküle, wie Gel-bildende Polysaccharide, eine wichtige Rolle in der Biomineralisation, da entsprechende biologische Matrices den Ionentransport kontrollieren, wodurch eine diffusionskontrollierte Kristallisation stattfindet.[111] In der vorliegenden Arbeit soll die klassische Kopräzipitation von Eisenoxidnanopartikeln zu solch einer diffusionskontrollierten Reaktion modifiziert werden, indem sie innerhalb eines Hydrogels durchgeführt wird. Dadurch werden die Diffusionsraten der Reaktanden deutlich herabgesetzt und Konvektion unterbunden, wodurch eine bessere Kontrolle des Kristallitwachstums ermöglicht wird.[14]

Aufgrund der hohen Biokompatibilität, der geringen Kosten und der natürlichen Herkunft[112] wird das Hydrogel, in welchem die Eisenoxidkristallisation stattfinden soll, aus Agarose angefertigt. Agarose ist ein lineares neutrales Polysaccharid, dessen Primärstruktur aus alternierenden β-(1,3)-D-Galactose und α-(1,4)-3,6-Anhydro-L-Galactose Wiederholeinheiten aufgebaut ist (Abb. 8).[113] Sie ist der Hauptbestandteil in Agar, einem gelierenden Polysaccharid, welches mit Wasser aus verschiedenen marinen Rotalgen (*Rhodophyceae*) extrahiert wird und breite Anwendung in der Nahrungsmittelindustrie als Gelier- und Verdickungsmittel sowie als Stabilisator findet.[16]

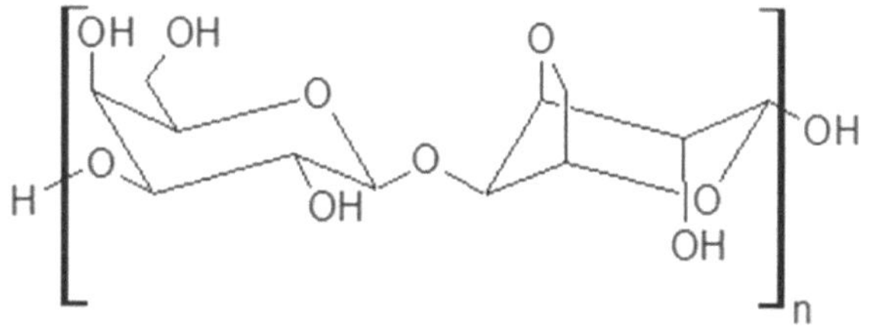

Abb. 8: Strukturformel einer Wiederholeinheit des Agarosepolymers, bestehend aus β-(1,3)-D-Galactose und α-(1,4)-3,6-Anhydro-L-Galactose.

Im Gegensatz zu anderen Hydrogelen, welche durch zufällige Vernetzung der löslichen Polymerketten entstehen, bilden Agarosegele eine geordnete Struktur co-axialer Doppelhelices aus. Dadurch weisen Agarosegele deutlich größere Poren auf, durch die auch größere Moleküle sowie Partikel diffundieren können.[114]

Die Synthese von Eisenoxidnanopartikeln in Agarosegelen ist bereits vereinzelt in der wissenschaftlichen Literatur anzutreffen. So synthetisierten *Hsieh et al.* Magnetitnanopartikel mit einer Größe von etwa 9 – 10 nm in Agargelen, wobei die Partikel nach deren Synthese jedoch nicht aus dem Agar isoliert, sondern das komplette Gel getrocknet und gemörsert wurde. Die Partikel zeigten zwar eine hervorragende Biokompatibilität, bewertet anhand von Zellviabilitätstests,[16] allerdings kann aufgrund der Partikelbehandlung keine Aussage über eine notwendige kolloidale Stabilität im suspendierten Zustand getroffen werden. *Prozorov et al.* führten die Kopräzipitation ebenfalls im Agarosegel durch, nutzten jedoch ebenso das Gel mitsamt Partikeln für die Charakterisierung. Hierbei wurden kubische Magnetitpartikel mit einer Kantenlänge von 25 ± 3 nm gebildet.[15] Da die Partikel, die in dieser Arbeit synthetisiert werden, potentiell als MR-Kontrastmittel bzw. als MPI-Tracer eingesetzt werden sollen, müssen sie in kolloidaler Suspension in einem geeigneten Medium vorliegen. Folglich besteht ein Schwerpunkt der Arbeit in der Etablierung einer geeigneten Methode, um die Partikel aus dem Agarosegelnetzwerk zu isolieren und anschließend durch geeignete Verfahren zu stabilisieren.

2.4   Stabilität kolloidaler Systeme

Die Herstellung einer kolloidal stabilen Suspension ist für viele Anwendungen magnetischer Nanopartikel von essentieller Bedeutung. Wird eine biomedizinische Verwendung *in vitro* oder *in vivo* angestrebt, muss die kolloidale Stabilität insbesondere in wässrigen Lösungen mit neutralem pH-Wert und physiologischer Salinität gewährleistet werden.

Die kolloidale Stabilität geladener Nanopartikel in wässriger Suspension wird hauptsächlich von attraktiven van-der-Waals Kräften (vdW-Kräfte) und repulsiven elektrostatischen Kräften bestimmt. Dabei stammen die attraktiven vdW-Kräfte von induzierten oder permanenten Dipolen. Die Ionisation/Dissoziation von Oberflächengruppen oder die Adsorption von geladenen Molekülen oder Ionen führt hingegen zu einer geladenen Oberfläche, welche durch die Bildung einer Gegenionenwolke ausgeglichen wird. Das Überlappen der Gegenionenwolken zweier identischer Partikel induziert durch osmotische Wechselwirkungen der Gegenionen eine repulsive Kraft.[115]

Ein Ansatz zur Abschätzung der kolloidalen Stabilität geladener Partikel in wässriger Umgebung bildet die klassische Derjaguin-Landau-Verwey-Overbeek (DLVO)-Theorie, welche die beiden oben genannten Kräfte überlagert und somit eine Zunahme der kolloidalen Stabilität mit zunehmender Nettoladung der Partikeloberfläche voraussagt.[116, 117] Hierbei ist zu beachten, dass die Oberflächenladung, und somit auch die kolloidale Stabilität, häufig vom pH-Wert abhängen. Liegt der pH-Wert nahe dem isoelektrischen Punkt, so sinkt die Nettoladung, wodurch die vdW-Kräfte überwiegen und die kolloidale Stabilität verloren geht.[118] Weiterhin sinkt die kolloidale Stabilität ebenfalls mit zunehmender Ionenstärke, da diese zur Komprimierung der elektrischen Doppelschicht führt.[119] Partikel, die ausschließlich durch die repulsive Kraft zweier Gegenionenwolken stabilisiert sind, werden als elektrostatisch stabilisiert bezeichnet.

Da die kolloidale Stabilität jedoch von allen Partikel-Partikel-Wechselwirkungen abhängt, muss die DLVO-Theorie häufig um zusätzliche Parameter erweitert werden (X-DLVO). So führt beispielsweise die Adsorption von Makromolekülen zu einer sterischen Stabilisierung. Diese Art der Stabilisierung wird durch zwei wesentliche entropische Effekte bewirkt. Diese sind einerseits die Volumen-restriktion, welche die möglichen Konfigurationen eines Polymers durch Anwesenheit eines zweiten Partikels verringert, sowie ein osmotischer Effekt, der durch Erhöhung der Polymerkonzentration bei Annäherung zweier Partikel entsteht, wodurch ein osmotischer Druck aufgebaut wird.[120] Beide Effekte wirken repulsiv und unterbinden somit die Annäherung durch attraktive vdW-Kräfte. Neben elektrostatischen und sterischen Effekten müssen bei Eisenoxidnanopartikeln zusätzlich magnetische Kräfte in Betracht gezogen werden.[121]

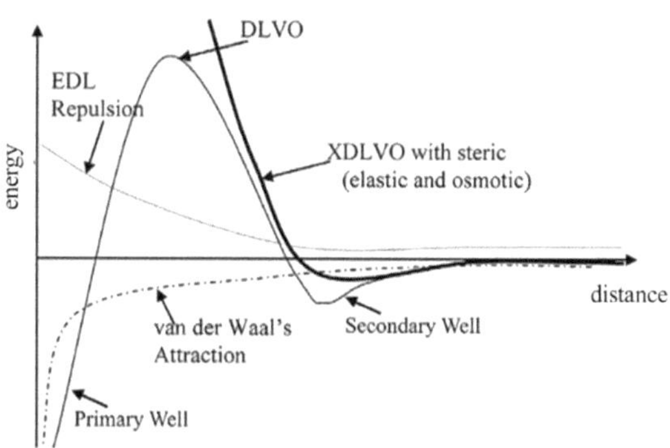

Abb. 9: Energie-Distanz-Kurve nach DLVO bzw. X-DLVO aus Überlagerung attraktiver van-der-Waals-Kräfte und repulsiver elektrostatischer Effekte (EDL Repulsion) sowie sterischer Effekte unter Ausbildung eines primären und sekundären Minimums. Adaptiert nach [122]

Werden die einzelnen Kräfte überlagert, so ergibt sich eine Energie-Distanz-Kurve, wie beispielshaft in Abb. 9 dargestellt. Abhängig von den beteiligten Kräften treten dabei primäre (irreversible Aggregation) und sekundäre Minima (reversible

Flockung) sowie Maxima, welche Energiebarrieren bezeichnen, die die Partikel auf Abstand halten, auf.

Wie *Moore et al.* zusammenfassen, scheitern beide Theorien (DLVO und X-DLVO) häufig an der Komplexität realer Systeme. Dennoch haben sie unser Verständnis kolloidaler Suspensionen weiterentwickelt und ermöglichen zumindest eine Abschätzung der Stabilität.[115]

2.5 Funktionalisierung von Eisenoxidnanopartikeln

Die Anreicherung von Kontrastmitteln, wie dem mononukleären Phagozytensystem-spezifischen MR-Kontrastmittel Resovist, geschieht durch natürliche Abwehrmechanismen, wodurch die Partikel nach intravenöser Applikation schnell aus dem Blut entfernt und vorrangig in Leber, Milz, Lymphknoten und Knochenmark akkumuliert werden, wo sie einen negativen Kontrast im MR bewirken. Führen nun Störungen, wie beispielweise tumoröse Erkrankungen zu einer verminderten Partikelaufnahme, so ist dies in der MRT durch eine verminderte Signalauslöschung visualisierbar. Andererseits können beispielsweise Entzündungen aber auch mit einer vermehrten Partikelakkumulation durch erhöhte Makrophagenaktivität einhergehen. Diese Mechanismen werden als *passives targeting* bezeichnet. Die Kinetik der Partikel, sprich deren Bluthalbwertszeit, kann dabei durch Modifizierung des Hüllmaterials beeinflusst werden.[123] So zeigen beispielsweise Partikel mit geladener Oberfläche wie Carboxydextran oder Carboxymethyldextran eine schnellere Aufnahme durch Makrophagen respektive kürzere Bluthalbwertszeit als Partikel mit einer nichtionischen Dextranhülle.[124] Weiterhin wurde gezeigt, dass eine geladene Oberfläche zu einer erhöhten Partikelinkorporation in Stammzellen führt,[124] was bei dem unter 2.2 erwähnten *stem cell tracking* ausgenutzt wird. *Moraes et al.* konnten somit beispielsweise Eisenoxidnanopartikel-markierte mesenchymale Stammzellen noch 60 Tage nach deren Transplantation mittels MRT lokalisieren.[125]

Neben dem *passiven targeting* beruht das *aktive targeting* auf der gezielten Funktionalisierung der Eisenoxidnanopartikel mit Liganden wie beispielsweise Antikörpern,[126] Peptiden[127] oder anderen kleinen Molekülen,[128] sodass sie nach *in vivo*-Applikation und Verteilung im intravaskulären Raum gezielt an bestimmte Zellrezeptoren binden.[129] Die als Biokonjugation bezeichnete Funktionalisierung von Nanopartikeln mit Biomolekülen kann generell über vier verschiedene Strategien erfolgen:[130]

1. Bindung von Liganden an die nackte Partikeloberfläche über Chemisorption
2. Elektrostatische Adsorption geladener Biomoleküle an die Oberfläche entgegengesetzt geladener Partikel
3. Kovalente Verknüpfung funktioneller Gruppen auf Partikel- und Biomolekülseite
4. Nicht-kovalente, affinitätsbasierte Rezeptor-Ligand-Systeme

Das wohl bekannteste System der letztgenannten Strategie ist das Avidin-Biotin-System. Avidin ist ein Protein, welches aus vier identischen Untereinheiten besteht, wodurch vier Bindungstaschen gebildet werden, die spezifisch an das kleine Molekül Biotin (Vitamin H) koppeln. Mit einer Dissoziationskonstante von 10^{-15} M zählt diese Wechselwirkung zu den stärksten nicht kovalenten Bindungen, die auch extremen pH- und Temperaturbedingungen standhält.[131,132] Die Biokonjugation erfolgt hierbei beispielsweise über die kovalente Bindung von Avidin oder analogen Proteinen, wie Streptavidin oder NeutrAvidin®, an das Hüllmaterial von Nanopartikeln und die Biotinylierung des zu koppelnden Moleküls, wobei aufgrund der breiten Anwendung dieses Systems bereits eine Vielzahl biotinylierter Peptide, Proteine oder Antikörper bzw. verschiedenste Biotinylierungsreagenzien kommerziell verfügbar sind.[130]

Bei der kovalenten Bindung werden die zu koppelnden Moleküle hingegen direkt an das Hüllmaterial des Partikels gebunden, wobei jedoch sowohl auf dem Partikel bzw. dessen Hülle als auch am Biomolekül funktionelle Gruppen für die chemische Verknüpfung zur Verfügung stehen müssen.

Da die über Chemisorption bzw. elektrostatische Adsorption gebildeten Biokonjugate eine geringere Stabilität gegenüber erhöhten Temperaturen oder extremen pH-Werten aufweisen, sollen sie an dieser Stelle nicht näher in Betracht gezogen werden.

In der vorliegenden Arbeit soll eine Oberflächenmodifizierung durch Aminierung bzw. Carboxymethylierung des Hüllmaterials erfolgen, um somit einfache Möglichkeiten zur Kopplung von Antikörpern, Proteinen oder anderen Biomolekülen über verschiedenste Strategien zu ermöglichen. Das Hüllmaterial der zu funktionalisierenden Partikel besteht hierbei aus Dextranketten, welche bereits Hydroxylfunktionalitäten für eine chemische Kopplung zur Verfügung stellen.

2.6 Methoden

Wie in den vorherigen Kapiteln angemerkt, wird die Bestimmung der MPS- und MR-Performance durch die Auswertung der Magnetic Particle Spektren bzw. der NMR-Relaxivitäten vollzogen. Weiterhin werden die synthetisierten Nanopartikelsuspensionen physikochemisch hauptsächlich durch die Bestimmung der hydrodynamischen Partikelgröße mit dynamischer Lichtstreuung, der Kristallitgröße mit Transmissionselektronenmikroskopie und des Zetapotentials charakterisiert. Diese Methoden werden im vorliegenden Kapitel näher erläutert.

2.6.1 Dynamische Lichtstreuung

Die dynamische Lichtstreuung (DLS) ist eine unerlässliche Charakterisierungsmethode in der Kolloidchemie. Im Gegensatz zur Elektronenmikroskopie, bei der die tatsächliche Kristallitgröße bestimmt werden kann, wird bei der DLS der hydrodynamische Partikeldurchmesser ermittelt. Dieser entspricht dem Durchmesser einer Kugel, welche die gleichen Diffusionseigenschaften in einem Dispergiermittel besitzt, wie das gemessene Teilchen.[133] Da Nanopartikel in Suspension von einer Solvathülle umgeben sind und diese Einfluss auf die Diffusionseigenschaften hat, wird die Größe des Partikels mitsamt seiner Hülle bestimmt. Dieser Effekt wird insbesondere deutlich, wenn Partikel von einer großen Polymerhülle umgeben sind, wodurch der hydrodynamische Durchmesser sehr viel größer sein kann als der eigentliche Nanopartikel. Weiterhin wird bei der DLS im Gegensatz zu anderen Methoden, wie der Elektronenmikroskopie oder der Röntgenbeugung, bei Multikernpartikeln nicht die Größe der einzelnen Kerne, sondern die gesamte Aggregatgröße bestimmt.

Das Messprinzip der DLS beruht auf der Bestimmung des Diffusionskoeffizienten D von Partikeln, aus dem der hydrodynamische Durchmesser ermittelt werden kann. Trifft monochromatisches Laserlicht auf suspendierte Nanopartikel, so wird dieses aufgrund der unterschiedlichen Brechungsindizes isotrop gestreut, was als *Rayleigh-Streuung* bezeichnet wird. Aufgrund der Brownschen Molekularbewegung der dispergierten Teilchen findet, analog zu dem aus der Akustik bekannten Doppler-Effekt, eine Frequenzverschiebung des gestreuten Laserlichts statt. Das Streulicht verschiedener Partikel interferiert miteinander und verursacht somit zeitliche Veränderungen der Streulichtintensität am Detektor (siehe Abb. 10).

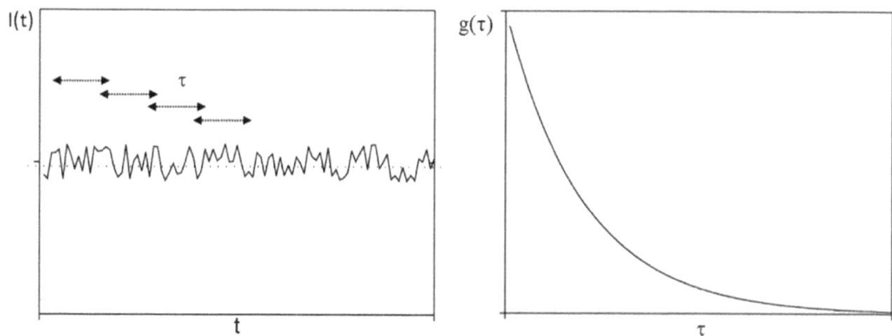

Abb. 10: Fluktuation der Streulichtintensität (links) und zugehörige Autokorrelationsfunktion (rechts). Adaptiert nach Schärtl.[134]

Dabei fluktuiert die Streulichtintensität kleiner Partikel aufgrund rascherer Teilchenbewegung schneller als diejenige größerer Partikel. Durch Korrelation der gemessenen Streulichtintensitäten zu verschiedenen Zeitpunkten kann mithilfe des Dissipations-Fluktuations-Theorems eine Relaxationsfunktion g(τ), die sogenannte Autokorrelationsfunktion (Gl. 2.17), erstellt werden. Diese beschreibt die Erhaltungsneigung der Streulichtintensität, weshalb langsam fluktuierende Systeme respektive große Partikel einen flacheren Abfall der Relaxationsfunktion aufweisen als schnell fluktuierende Systeme.

$$g(\tau) = e^{-2Dq^2\tau} \qquad \text{(Gl. 2.17)}$$

Hierbei bezeichnet D den translatorischen Diffusionskoeffizienten, τ den Zeitintervall und q den Betrag des Streuvektors, welcher sich nach (Gl. 2.18) berechnet.

$$q = \left(4\pi\frac{n}{\lambda_0}\right) sin(\frac{\theta}{2}) \qquad \text{(Gl. 2.18)}$$

Dabei ist n der Brechungsindex des Dispergiermittels, λ_0 die Wellenlänge des eingestrahlten Lichts und θ der Streuwinkel.[133]

Unter Annahme sphärischer Partikel sowie der Kenntnis der Temperatur T und der Viskosität des Dispergiermittels η kann aus D der hydrodynamische Radius r_h über die Stokes-Einstein-Gleichung mit der Boltzmann-Konstante k_B berechnet werden:

$$r_h = \frac{k_B \cdot T}{6 \cdot \pi \cdot \eta \cdot D} \qquad \text{(Gl. 2.19)}$$

In der Realität enthält eine Partikelsuspension jedoch eine Verteilung von Diffusionskoeffizienten respektive Partikelgrößen. Die Bestimmung des mittleren Diffusionskoeffizienten sowie der Breite der Verteilung kann dann über die Kumulantenanalyse erfolgen, welche eine Gauß'sche Verteilung von

Diffusionskoeffizienten annimmt. Hierbei wird die logarithmierte Autokorrelationsfunktion mit einer polynomischen Funktion gefittet, welche aus Gründen der Zweckmäßigkeit nach dem quadratischen Term abgebrochen wird:

$$\ln(g(\tau)) = a + bt + ct^2 \qquad \text{(Gl. 2.20)}$$

Anschließend kann aus b der mittlere Diffusionskoeffizient nach (Gl. 2.21) sowie aus b und c die Breite der Verteilung als normierte Standardabweichung nach (Gl. 2.22) berechnet werden,

$$D = \frac{b}{q^2} \qquad \text{(Gl. 2.21)}$$

$$\frac{\Delta D}{D} = \frac{2c}{b} \qquad \text{(Gl. 2.22)}$$

Die Kumulantenanalyse liefert somit eine Gauß-Verteilung intensitätsgewichteter Diffusionskoeffizienten, welche anschließend mit Hilfe der Stokes-Einstein-Gleichung in die entsprechende log-normalverteilte intensitätsgewichtete Partikelgrößenverteilung eines Ensembles diffusionsäquivalenter Kugeln umgewandelt werden kann.[135] Hierbei ist zu beachten, dass die Streulichtintensität nach *Rayleigh* proportional der sechsten Potenz des Teilchendurchmessers ist, wodurch es zu einer Überbewertung großer Partikel kommt.[136]

2.6.2 Zetapotential

Die Bestimmung des Zetapotentials dient in der vorliegenden Arbeit der Abschätzung der kolloidalen Stabilität elektrostatisch stabilisierter Partikelsysteme sowie dem Nachweis der Oberflächenfunktionalisierung durch Aminierung bzw. Carboxymethylierung.

Die Oberflächenladung eines suspendierten Partikels wird durch die Anlagerung von Gegenionen kompensiert, wodurch eine elektrochemische Doppelschicht gebildet wird (siehe Abb. 11). Diese besteht aus einer Schicht von stark gebundenen Ionen, welche die sogenannte Sternschicht bilden und einer weiteren diffusen Schicht, die weniger stark gebundene Ionen enthält. Wird der Partikel durch Anlegen einer Spannung in Bewegung versetzt, so wird durch die entstehenden Scherkräfte ein Teil der diffusen Schicht abgestreift und es resultiert ein messbares elektrisches Potential, welches als Zetapotential bezeichnet wird.

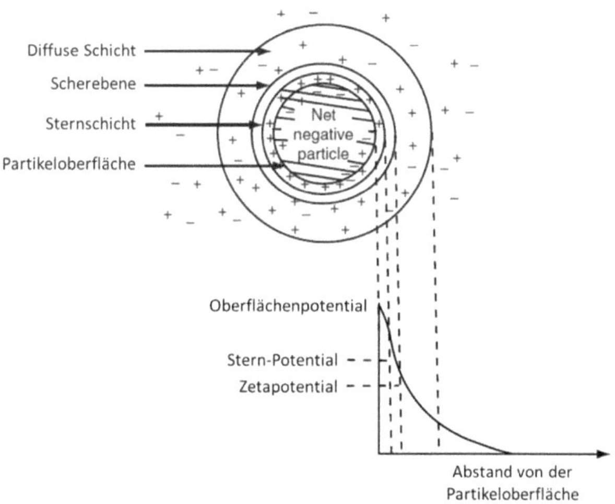

Abb. 11: Schematische Darstellung der elektrischen Doppelschicht eines geladenen Nanopartikels. Adaptiert nach *Somasundaran et al.*[137]

Die Berechnung des Zetapotentials erfolgt häufig über die Bestimmung der elektrophoretischen Mobilität, welche die Wanderungsgeschwindigkeit von geladenen Partikeln im elektrischen Feld beschreibt, mithilfe der Laser-Doppler-Anemometrie. Hierzu wird eine Spannung angelegt, die die Partikel in Bewegung versetzt. Die Geschwindigkeit ist dabei abhängig von der Viskosität η und der Dielektrizitätskonstante ε des Mediums, der elektrischen Feldstärke sowie dem Zetapotential ζ der Partikel. Die Streuung eines Laserstrahls an einem sich bewegenden Partikel führt dann durch den Doppler-Effekt zu einer Frequenzverschiebung Δf, welche nach (Gl. 2.23) proportional zur Geschwindigkeit v der Partikel ist.

$$\Delta f = \frac{2\sin(\frac{\theta}{2})}{\lambda} \cdot v \qquad \text{(Gl. 2.23)}$$

Hierbei bezeichnet θ den Streuwinkel und λ die Wellenlänge des Laserlichts.

Wird der gestreute Strahl mit einem Referenzstrahl überlagert, so kann aus dem entstehenden Interferenzmuster die elektrophoretische Mobilität U_e ermittelt werden. Aus dieser kann mithilfe der Henry-Gleichung das Zetapotential berechnet werden:

$$U_e = \frac{2\varepsilon\zeta}{3\eta} \cdot f(\kappa a) \qquad \text{(Gl. 2.24)}$$

$f(\kappa a)$ ist hierbei die Henry-Funktion, welche von der Dicke der diffusen Schicht κ^{-1} und dem Partikelradius a abhängt und durch verschiedene Näherungen beschrieben werden kann. Für die Messung in wässrigen Medien mit moderater Elektrolytkonzentration wird meist die Smoluchowski-Näherung ($f(\kappa a) = 1,5$) verwendet.

2.6.3 Transmissionselektronenmikroskopie

Die Transmissionselektronenmikroskopie (TEM) dient in der vorliegenden Arbeit sowohl zur Ermittlung der Kristallitgröße als auch der Morphologie der synthetisierten Nanopartikel.

Das Funktionsprinzip eines Elektronenmikroskops ist mit dem eines Lichtmikroskops vergleichbar, wobei anstelle von optischen Linsen magnetische Linsen (Spulen) und anstelle von sichtbarem Licht Elektronen verwendet werden. Als Elektronenquelle dient eine Glühkathode, aus der durch starkes Heizen Elektronen emittiert werden. Diese Elektronen werden durch Anlegen einer Hochspannung, welche üblicherweise 100 – 200 kV beträgt, zur Anode hin beschleunigt.[138] Um eine Ablenkung der Elektronen durch die Moleküle der Atmosphäre zu vermeiden, ist ein Arbeiten unter Hochvakuum erforderlich. Durch ein Kondensorsystem aus Blenden und Linsen wird der Elektronenstrahl gebündelt und auf die Probe fokussiert. Die auftreffenden Elektronen können die Probe entweder ungehindert durchdringen (transmittierter Strahl), an Atomkernen gestreut (elastische Streuung) oder durch Elektronen in der Hülle abgelenkt (unelastische Streuung) werden. Die transmittierten Elektronen werden auf einen Fluoreszenz-Bildschirm projiziert und für die digitale Bilderzeugung durch eine CCD-Kamera erfasst. Dabei streuen dichtere Regionen der Probe oder schwerere Elemente mehr Elektronen und erscheinen somit dunkler. Um Mehrfachstreuung in der Probe zu vermeiden, muss diese ausreichend verdünnt sein.

Die Auflösung d eines Licht- oder Elektronenmikroskops berechnet sich nach (Gl. 2.25).

$$d = \frac{\lambda}{2n \cdot \sin \alpha} \qquad \text{(Gl. 2.25)}$$

Hierbei bezeichnet λ die Wellenlänge, n den Brechungsindex und α den halben Öffnungswinkel des Objektivs.

Aufgrund der Wellenlänge des sichtbaren Lichts ist die Auflösung bei Lichtmikroskopen auf etwa 300 nm begrenzt. Im Gegensatz dazu berechnet sich die Wellenlänge eines Elektrons nach *De Broglie* nach (Gl. 2.26), woraus ein um mehrere Größenordnungen besseres Auflösevermögen resultiert.

$$\lambda = \frac{h}{m_e \cdot v} \qquad \text{(Gl. 2.26)}$$

Mit dem Planck'schen Wirkungsquantum h, der Masse eines Elektrons m_e und der Geschwindigkeit v.

Die Geschwindigkeit eines Elektrons ist dabei abhängig von der Beschleunigungsspannung, wodurch Wellenlängen von etwa 0,001 nm erreicht werden können. Da sich die Wellenlängen dann im Bereich der Röntgenstrahlung befinden, können sie am Raumgitter von Kristallen gebeugt werden. Dies ermöglicht die Aufnahme von Elektronenbeugungsbildern, aus denen die kristalline Struktur der Probe ermittelt werden kann. Im Gegensatz zur TEM werden dabei die elastisch gestreuten Elektronen zur Bilderzeugung verwendet.

3   Ergebnisse und Diskussion

In diesem Kapitel werden die Ergebnisse der durchgeführten Versuche vorgestellt und diskutiert. An dieser Stelle sei darauf hingewiesen, dass in der vorliegenden Arbeit bezüglich der MR-Performance ausschließlich die R_2-Relaxivitäten angegeben und bewertet werden. Dies geschieht einerseits, da Eisenoxidnanopartikel, wie bereits im Theorieteil beschrieben, in der Praxis meist in T_2-gewichteten MR-Sequenzen angewendet werden,[5] bei welchen die Kontrastverstärkung mit steigender R_2-Relaxivität zunimmt,[3] und weil andererseits die longitudinalen Relaxivitäten, welche für die Kontrastverstärkung in T_1-gewichteten MR-Sequenzen sorgen, innerhalb der jeweiligen Syntheserouten nahezu identisch sind. So liegen diese beispielsweise für sämtliche Partikel, die durch partielle Oxidation von Eisen(II)-hydroxid und *Green Rust* synthetisiert wurden, zwischen 8 L/mmol·s und 11 L/mmol·s (siehe Anhang Tab. A 1). Weiterhin erfolgt die Bewertung der MPS- und MR-Performance der synthetisierten Partikel durch Vergleich mit den entsprechenden Werten von FeraSpin™ R. Dabei handelt es sich um ein, von der nanoPET Pharma GmbH vertriebenes, Eisenoxid-basiertes Kontrastmittel für die präklinische MRT.[139] Die enthaltenen Eisenoxidkristallite sind superparamagnetisch, weisen eine Größe von etwa 5 nm auf und liegen teilweise in Aggregaten vor. Das Hüllmaterial Carboxydextran stabilisiert die Partikel elektrosterisch. *Gehrke et al.* zeigten, dass FeraSpin R ein identisches MPS wie Resovist, die Standardreferenz der MPI-Community, liefert.[140] Die transversale Relaxivität beträgt in Wasser bei 0,94 T und 39 °C 155 L/mmol·s und ist somit ebenfalls identisch zur R_2-Relaxivität von Resovist.[5]

3.1   Partielle Oxidation von Eisen(II)-hydroxid und *Green Rust*

Die detaillierte Synthesevorschrift zur Herstellung und Aufreinigung kolloidal stabiler Eisenoxidnanopartikelsuspensionen durch partielle Oxidation von gefälltem Eisen(II)-hydroxid und *Green Rust* ist im Anhang unter 5.1.1 zu finden. Hierbei gelten als Standardbedingungen der Einsatz von Dextran mit einer Molmasse von 70.000 g/mol, eine Gesamteisenkonzentration im Ansatz von 50 mM sowie ein 10 mM [OH⁻]-Überschuss.

Wie aus vorherigen eigenen Studien bekannt, weist eine unter diesen Bedingungen synthetisierte Suspension einen pH-Wert von 11,0 ± 0,2 (n = 15) und die enthaltenen Partikel eine mittlere hydrodynamische Größe von 161 ± 11 nm (n = 15) auf. Weiterhin sind nach dieser Synthese hergestellte Partikel vom Multikerntyp, wobei die Eisenoxidkristallite einen mittleren Durchmesser von etwa 5 nm aufweisen. Die Ausbeute der Synthese beträgt etwa 52 ± 6 % (n = 21) und die auf den Eisengehalt normierte Amplitude A_3 der dritten Harmonischen des MPS, aufgenommen bei 25 mT, liegt 56 ± 7 % (n = 15) über dem entsprechenden Wert von FeraSpin R. Die transversale NMR-Relaxivität beträgt bei 0,94 T und 39 °C etwa 220 L/mmol·s und liegt somit ebenfalls deutlich über dem entsprechenden Wert von FeraSpin R.[13]

3.1.1 Variation der Basenkonzentration

Wie unter 2.3.1 erwähnt, wurden bereits eine Vielzahl verschiedener Syntheseparameter variiert und deren Einfluss auf die synthetisierten Partikel und insbesondere die MPS-Performance und die NMR-Relaxivitäten untersucht. In der vorliegenden Arbeit wurde nun der Einfluss weiterer Parameter analysiert. Dabei wurde zunächst der Hydroxidüberschuss (Berechnung siehe (Gl. 2.14) in Kapitel 2.3.1) näher untersucht, da in vorhergehenden Versuchen die MPS-Performance mit zunehmendem Hydroxidüberschuss (von 10 mM auf 40 mM) sank, wobei jedoch keine morphologischen Unterschiede der Partikel, bewertet anhand der DLS- und TEM-Analysen, erkennbar waren. Dieser Überschuss wurde hier auf bis zu 400 mM erhöht, um zu untersuchen, ob die MPS-Performance weiter abnimmt und es zum Auftreten sichtbarer morphologischer Veränderungen kommt, welche die Performanceunterschiede erklären.

Lag weder [Fe^{2+}] noch [OH^-] im Überschuss vor, so betrug der pH-Wert nach Reaktion 6,8 und es wurden keine kolloidal stabilen Partikel gebildet. Weiterhin war das Sediment hellbraun und nicht magnetisch. Dies ist ein Indiz für die Bildung von Goethit und in Übereinstimmung mit den Ergebnissen von *Ardizzone et al.*, welche bei der Oxidation von $FeSO_4$ unter erhöhten Temperaturen (85 °C) im schwach sauren pH-Bereich ebenfalls dieses Eisenoxid erhielten.[141]

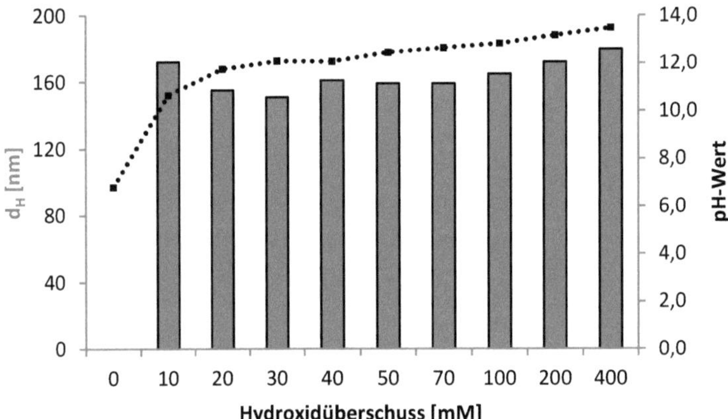

Abb. 12: Hydrodynamische Partikelgröße (Balken) und pH-Wert (Punkte) der durch partielle Oxidation synthetisierten Partikel in Abhängigkeit des Hydroxidüberschusses

Die ähnlichen mittleren hydrodynamischen Aggregatgrößen der stabilen Partikelproben bei einem 10 mM – 400 mM [OH$^-$]-Überschuss (siehe Abb. 12) resultieren aus dem Zentrifugationsschritt der Aufreinigung und liegen im erwarteten Bereich.

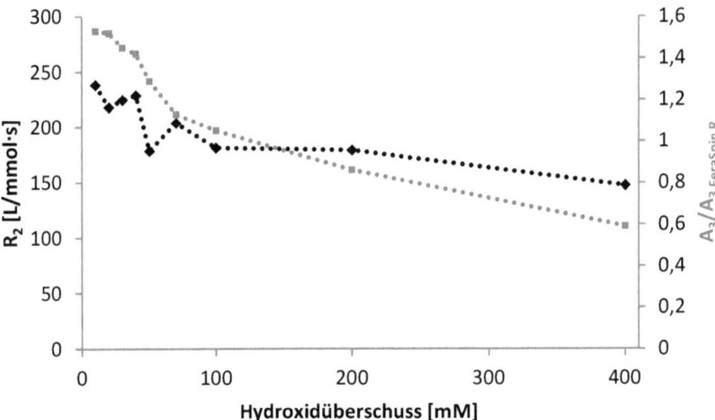

Abb. 13: Transversale Relaxivität (schwarz) und Amplitudenverhältnis $A_3/A_{3,FeraSpin\,R}$ (grau) in Abhängigkeit des Hydroxidüberschusses bei der partiellen Oxidation von Eisen(II)-hydroxid und *Green Rust*

Abb. 13 zeigt die transversale Relaxivität sowie das Amplitudenverhältnis der dritten Harmonischen im Vergleich zu FeraSpin R in Abhängigkeit des Hydroxidüberschusses. Die MPS-Performance sinkt hierbei mit zunehmendem Hydroxidüberschuss von einem anfänglichen Amplitudenverhältnis von 1,53 bei 10 mM [OH$^-$]-Überschuss über einen FeraSpin-äquivalenten Wert bei einem 100 mM

Hydroxidüberschuss bis auf 0,59 bei 400 mM [OH$^-$]-Überschuss. Gleichzeitig sinkt auch die transversale Relaxivität von 238 L/mmol·s auf bis zu 147 L/mmol·s und liegt somit bei hohem Basenüberschuss geringfügig unterhalb des entsprechenden Wertes von FeraSpin R (155 L/mmol·s).

Die Amplituden des MPS bis zur 49. Harmonischen sind in Abb. 14 dargestellt und machen deutlich, dass sich der Trend der sinkenden Amplitude mit zunehmendem Hydroxidüberschuss auch für alle weiteren Harmonischen fortsetzt.

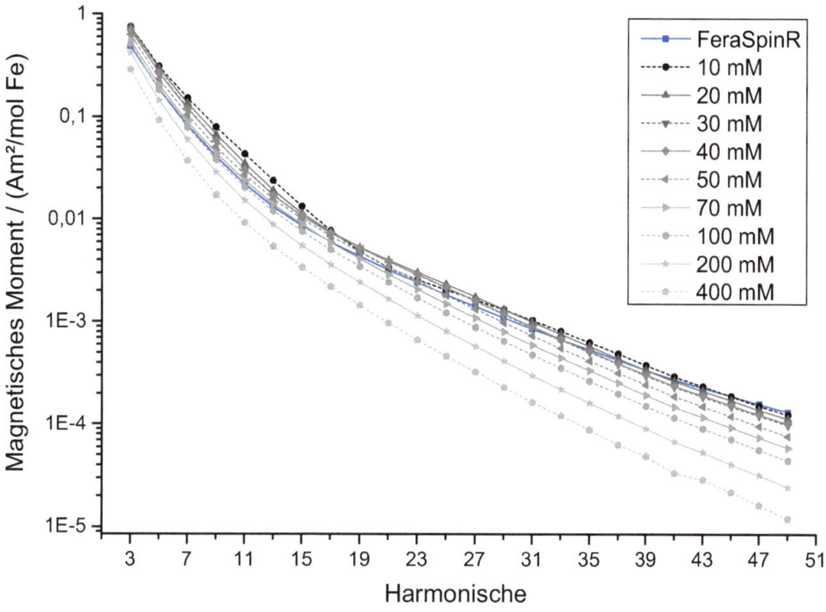

Abb. 14: MPS von magnetischen Nanopartikeln aus partieller Oxidation von Eisen(II)-hydroxid und *Green Rust* in Abhängigkeit des Hydroxidüberschusses bei der Synthese

Abb. 15 zeigt die Ausbeute in Abhängigkeit des Hydroxidüberschusses während der Synthese. Wie der Grafik zu entnehmen ist, sinkt die Ausbeute, welche bei 10 mM - 50 mM relativ konstant zwischen etwa 45 % und 55 % liegt, ab einem [OH$^-$]-Überschuss von 70 mM deutlich auf 38 % und beträgt bei dem höchsten untersuchten Überschuss lediglich 10 %. Folglich steigt mit zunehmendem Laugenüberschuss der Anteil instabiler Partikel bzw. großer Aggregate, welche im Aufreinigungsschritt der Synthese abgetrennt werden.

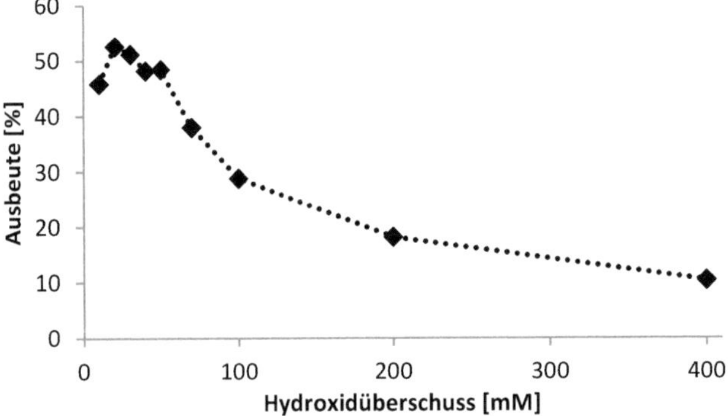

Abb. 15: Syntheseausbeute an Eisen in Abhängigkeit des Hydroxidüberschusses bei der partiellen Oxidation von Eisen(II)-hydroxid und *Green Rust*

TEM-Aufnahmen machen deutlich, dass diejenige Partikelsuspension, welche unter einem 10 mM Hydroxidüberschuss synthetisiert wurde, ausschließlich sphärische Kristallite mit einer Größe von etwa 5 nm aufweist, während bei einem 400 mM Hydroxidüberschuss zwei verschiedene Morphologien nebeneinander auftreten (siehe Abb. 16). Dies sind einerseits die sphärischen, ebenfalls 5 nm großen, Magnetit-/Maghemitkristallite sowie andererseits nadelförmige Strukturen.

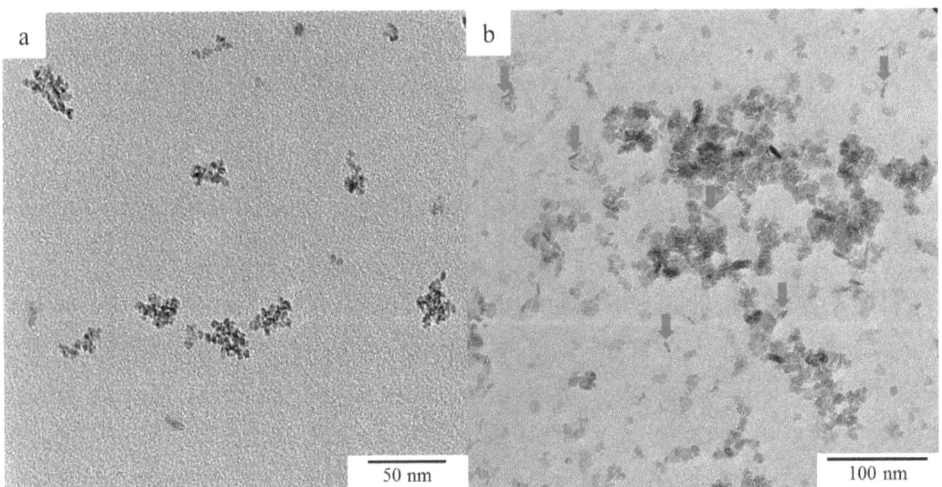

Abb. 16: TEM-Aufnahmen von magnetischen Eisenoxidnanopartikeln aus partieller Oxidation von Eisen(II)-hydroxid und *Green Rust* synthetisiert unter einem 10 mM (a) bzw. 400 mM (b) Hydroxidüberschuss. Einige der zusätzlich auftretenden nadelförmigen Morphologien bei hohem Hydroxidüberschuss sind mit roten Pfeilen markiert.

Wie *He et al.* zeigten,[142] handelt es sich bei diesen nadelförmigen Partikeln um antiferromagnetisches Goethit (α-FeOOH), welches bei hohen pH-Werten aus dem gefällten Magnetit durch einen Auflösungs- und Rekristallisationsprozess gebildet wird. Dabei steigt die Menge an Goethit mit zunehmender Natriumhydroxid-konzentration. Wie nachfolgend näher erläutert, erklärt dieser Effekt sowohl die sinkende Ausbeute als auch die abnehmende MPS- und MR-Performance.

Da in Lösung kristallisierte Goethitnadeln häufig Längen von 50 nm bis zu mehreren 100 nm aufweisen,[143, 144] kann angenommen werden, dass in dem vorliegenden Versuch mit zunehmender NaOH-Konzentration vermehrt Goethit gebildet wurde, welches zum Großteil aufgrund seiner Dimension nicht kolloidal stabil war, wodurch es während des Zentrifugationsschrittes der Aufreinigung abgetrennt wurde und somit die sinkende Syntheseausbeute erklärt. Die verbleibenden kolloidal stabilen Nadeln, welche auf den TEM-Aufnahmen zu beobachten sind, bilden somit lediglich eine Größenfraktion kleiner Goethitpartikel. Da deren Anteil vom Gesamteisen in der Suspension mit zunehmendem Hydroxidüberschuss weiter zunimmt und diese Eisenoxidphase antiferromagnetisch ist, sinkt im Gegenzug der Anteil an Eisen in Form von ferri-/ferromagnetischem Magnetit/Maghemit, welcher zum MPS-Signal beiträgt bzw. eine Relaxationszeit-verkürzung umgebender Protonen in der NMR-Relaxivitätenmessung bewirkt.

Zusammenfassend wurde durch die Synthese bei hohen Basenkonzentrationen ermittelt, dass ein zunehmender Hydroxidüberschuss offenbar zur vermehrten Bildung einer antiferromagnetischen Eisenoxidphase führt, wodurch die MPS- und MR-Performances sinken. Um diesen Anteil möglichst klein zu halten, ist die Synthese vorzugsweise unter einem geringen Hydroxidüberschuss von 10 mM durchzuführen. Unter diesen Bedingungen synthetisierte Partikel weisen eine um 53 % höhere Amplitude der dritten Harmonischen im Vergleich zu FeraSpin R und folglich eine verbesserte MPS-Performance auf. Auch in der T_2-gewichteten MRT ist mit einer transversalen Relaxivität von 238 L/mmol·s eine verbesserte Kontrastierung gegenüber der Referenz (155 L/mmol·s) zu erwarten.

3.1.2 Variation des Molekulargewichtes des Coatingmaterials

Anschließend wurde das Molekulargewicht des Coatingmaterials Dextran zwischen 6.000 g/mol und 150.000 g/mol (nachfolgend bezeichnet als Dextran 6 – 150) variiert, wobei die Massenkonzentration während der Synthese konstant bei 10 mg/mL gehalten wurde. Folglich variiert die Anzahl der Polymerketten bei gleichbleibender Gesamtzahl an Glucosewiederholeinheiten. Alle vorhergehenden Versuche wurden mit Dextran 70 durchgeführt. Laut *Laurent et al.* spielt die Kettenlänge des Dextrans eine wichtige Rolle für die sterische Stabilisierung von Eisenoxidnanopartikeln, da durch Variation dieser ein Optimum an polaren

Interaktionen (vorrangig Wasserstoffbrückenbindungen) erzielt werden kann.[96] Auch nach erweiterter DLVO-Theorie spielt die Kettenlänge eine wichtige für die kolloidale Stabilität.[145]

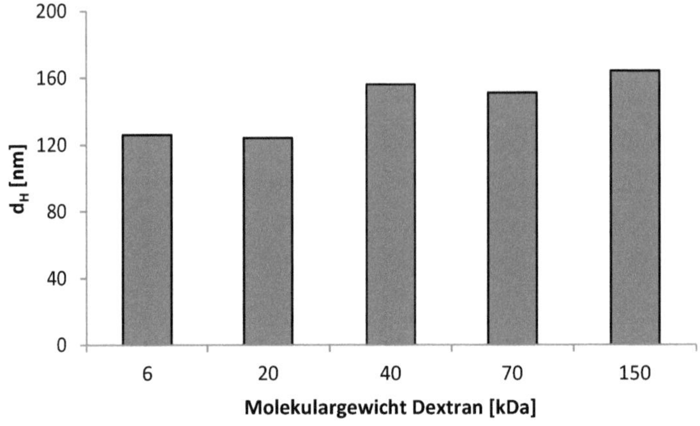

Abb. 17: Hydrodynamische Partikelgröße der durch partielle Oxidation synthetisierten Partikel in Abhängigkeit der Molmasse des zur Stabilisierung verwendeten Dextrans

Die mittleren hydrodynamischen Partikelgrößen der mit Dextran 40, 70 und 150 stabilisierten Proben liegen zwischen 151 nm und 164 nm (siehe Abb. 17). Die Verwendung von Dextran mit geringerer Molmasse (Dextran 6 bzw. Dextran 20) führte hingegen zu kleineren hydrodynamischen Durchmessern von etwa 125 nm. Dies liegt wahrscheinlich an den kürzeren Polymerketten, welche eine dünnere Hydrathülle bewirken.[146] Weshalb die Partikelgröße im Gegensatz dazu nicht ansteigt, wenn ein Dextran größerer Molmasse verwendet wird, könnte beispielsweise durch die Auswirkung einer sogenannten *bridging flocculation* erklärt werden, bei der eine Polymerkette mit hoher Molmasse an zwei oder mehr Partikeln adsorbiert und dadurch die Bildung größerer Aggregate, welche bei der Zentrifugation der Aufreinigung abgetrennt werden, begünstigt.[147] Allerdings müsste sich dies in einer abnehmenden Ausbeute wiederspiegeln. Diese liegt jedoch bei allen Ansätzen zwischen 53 % und 65 % (siehe Daten im Anhang Tab. A 2) und weist keinen abnehmenden Trend mit steigender Molmasse auf. Eine weitere mögliche Theorie bezieht sich auf die geometrische Anordnung der adsorbierten Polymerketten auf der Partikeloberfläche. So zeigte *Jung*, dass die Adsorption von Dextranketten auf Eisenoxidnanopartikeln dem klassischen Modell der Polymeradsorption auf Oberflächen von *Jenckel* und *Rumbach* folgt, wonach die Interaktion der Polymere mit der Oberfläche an verschiedenen Segmenten der Polymerkette stattfindet und dadurch sogenannte *loops, trains* und *tails* gebildet werden.[148, 149] Dabei wird die hydrodynamische Partikelgröße hauptsächlich von den *tails*, welche die nichtadsorbierten Kettenenden bezeichnen, beeinflusst.[150-152] Um nun in der vorliegenden Versuchsreihe, in welcher die Polymerketten-konzentration mit steigender Molmasse abnimmt, die Besetzungsdichte auf der Partikeloberfläche aus energetischen Gründen möglichst hoch zu halten, müssen mehr Segmente einer Polymerkette an der Oberfläche adsorbieren, wobei auch vermehrt Segmente aus den Kettenendbereichen einbezogen werden und dadurch die hydrodynamische Größe nicht oder nur geringfügig ansteigt.

Hinsichtlich der MPS-Performance wurden die besten Ergebnisse unter Verwendung von Dextran 40 bzw. 70 erzielt (siehe Abb. 18). Größere sowie kleinere Molmassen führten zu deutlich geringeren Amplituden der A_3. Ähnlich der MPS-Performance steigt auch die transversale Relaxivität mit zunehmendem Molekulargewicht des Dextrans, wobei der anschließende Abfall bei hohem Molekulargewicht ausbleibt. Die beste MR-Performance wird somit unter Verwendung von Dextran 70 bzw. Dextran 150 erzielt.

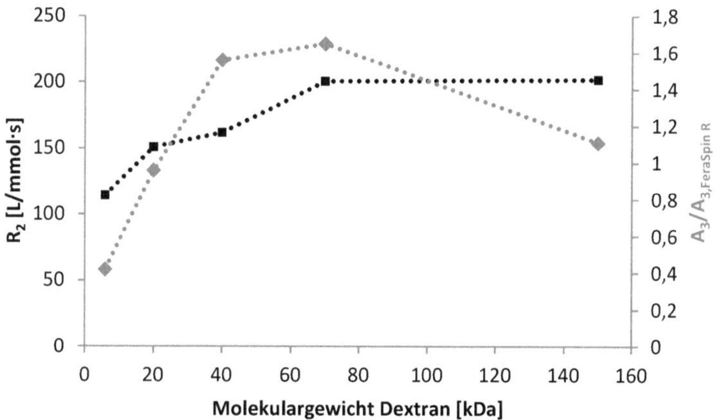

Abb. 18: Transversale Relaxivität (schwarz) und Amplitudenverhältnis A_3/$A_{3,FeraSpin\ R}$ (grau) in Abhängigkeit des Molekulargewichtes des zur Stabilisierung verwendeten Dextrans

Die Betrachtung der MPS-Spektren bis zur 49. Harmonischen (Abb. 19) zeigt, dass nicht nur die A_3, sondern sämtliche Harmonische der Partikel, welche mit Dextran 40 oder 70 stabilisiert wurden, signalstärker sind als diejenigen von FeraSpin R und somit eine bessere MPS-Performance aufweisen.

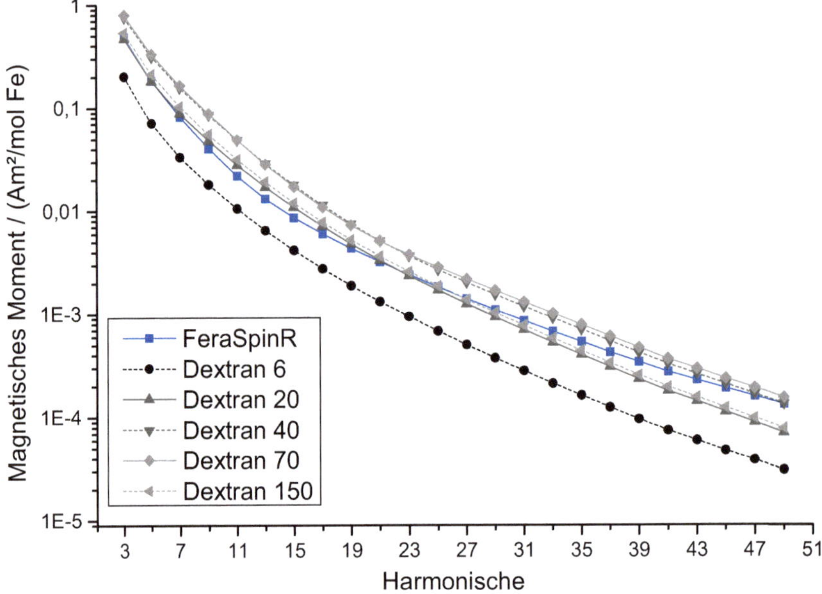

Abb. 19: MPS von magnetischen Nanopartikeln aus partieller Oxidation von Eisen(II)-hydroxid und *Green Rust* in Abhängigkeit des Molekulargewichtes des Dextrans

Zur Abklärung, ob das Molekulargewicht respektive die Kettenlänge des Dextrans Einfluss auf die Partikeldynamik hat, wurden MPS-Spektren an gefriergetrockneten Proben (FD) aufgenommen. Die Immobilisierung führt dabei zur Blockierung Brownscher Relaxationsprozesse, wodurch die magnetische Relaxation nur noch über den internen Néel-Mechanismus erfolgen kann.

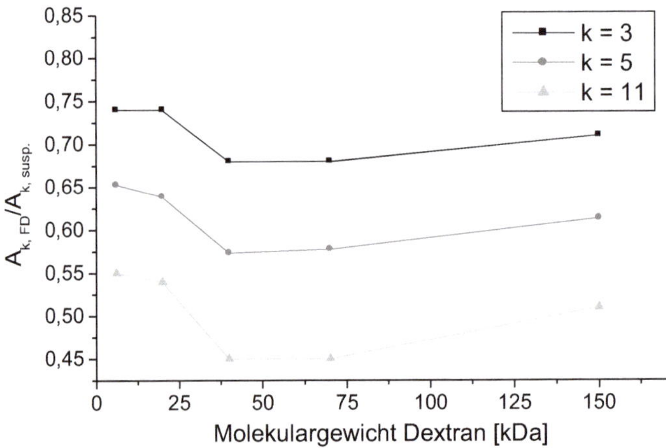

Abb. 20: MPS-Signalverlust durch Gefriertrocknung, dargestellt als Amplitudenverhältnis der dritten, fünften und elften Harmonischen der gefriergetrockneten (FD) zur suspendierten Probe, in Abhängigkeit des Molekulargewichtes des Dextrans

Abb. 20 zeigt die Amplitudenverhältnisse der gefriergetrockneten zu den suspendierten Proben am Beispiel der dritten, fünften und elften Harmonischen. Mit zunehmender Frequenz der Oberschwingung steigt der Signalverlust durch die Gefriertrocknung. Dabei weist die Abhängigkeit von der Dextranmolmasse für alle Harmonischen einen ähnlichen Verlauf auf. Die mit Dextran 40 und 70 stabilisierten Partikel, welche die beste MPS-Performance lieferten, zeigen den stärksten Signalverlust und weisen somit in Suspension den größten Anteil nach Brown relaxierender Momente auf. Diese Relaxationsart ist jedoch stark von der Umgebung der Partikel abhängig (siehe 2.1.2). So kann in einer *in vivo*-Anwendung beispielsweise die Opsonisierung der Partikel zu einer Zunahme des hydrodynamischen Volumens und somit zu einer Verlangsamung der Brownschen Relaxationsprozesse führen. Einen ähnlichen Effekt können auch Blut als Suspensionsmedium oder die Aufnahme durch Zellen haben, die zu einer erhöhten Viskosität und somit ebenfalls zu längeren Relaxationszeiten führen. Diese Beispiele verdeutlichen die Relevanz der Relaxationsmechanismen und zeigen, dass die gemessenen MPS-Spektren allein nur als Anhaltspunkte für die Bewertung der MPI-Performance *in vivo* dienen können.

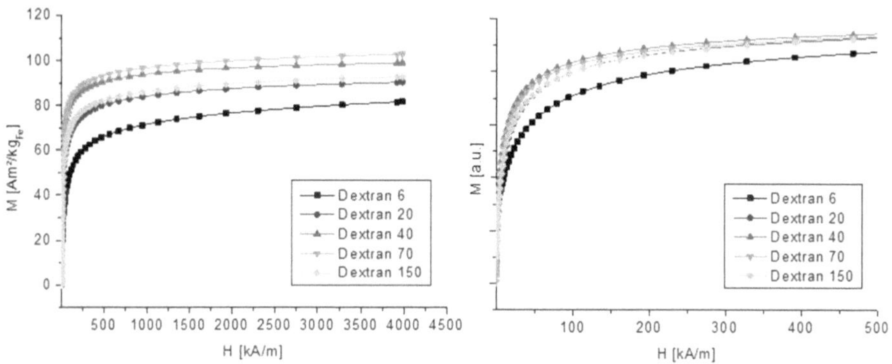

Abb. 21: Auf die Eisenmasse normierte Neukurve der statischen Magnetisierung von Eisenoxidnanopartikeln aus partieller Oxidation von Eisen(II)-hydroxid und *Green Rust* in Abhängigkeit des Molekulargewichtes des Dextrans (links) und Ausschnitt derselben Magnetisierungskurven im Bereich geringer Feldstärken normiert auf eine einheitliche Sättigungsmagnetisierung (rechts)

Der zunehmende Anteil nach Néel relaxierender Momente mit abnehmender Molmasse deutet auf eine Verringerung der effektiven magnetischen Kerngröße hin. Zur weiteren Abklärung wurde deshalb die Neukurve der statischen Magnetisierung bis zu einer Feldstärke von 4000 kA/m aufgenommen (Abb. 21 links). Abb. 21 rechts zeigt zudem einen Ausschnitt derselben Neukurven bis zu einer Feldstärke von 500 kA/m, welche auf eine identische Sättigungsmagnetisierung normiert wurden, wodurch ein Vergleich der magnetischen Suszeptibilitäten bei geringen Feldstärken ermöglicht wird. Hierbei weist die mit Dextran 6 stabilisierte Probe die geringste Suszeptibilität sowie die geringste Magnetisierung bei hohen Feldstärken auf und erklärt somit die vergleichsweise schlechte MPS-Performance. Zudem ist die Sättigungsmagnetisierung bei 4000 kA/m scheinbar noch nicht erreicht. Dies ist charakteristisch für eine stark ausgeprägte Oberflächenanisotropie, da oberflächennahe magnetische Momente nur bei sehr hohen Feldstärken ausgerichtet werden können.[153] Da der Anteil dieser Momente mit sinkender Partikelgröße zunimmt, bekräftigt die Magnetisierungskurve die erwähnte Abnahme der effektiven magnetischen Kerngröße bei Verwendung von Dextran mit geringer Molmasse. Die restlichen Proben weisen höhere Suszeptibilitäten sowie stärkere Magnetisierungen auf, die bessere MPS-Signale zur Folge haben. Trotz der Tatsache, dass bei dieser Methode ausschließlich die quasistatischen magnetischen Eigenschaften charakterisiert werden, korrelieren die Daten gut mit denen der Magnetic Particle Spectroscopy, welche eine dynamische Methode ist.

Zusammenfassend konnte die MR- und MPS-Performance durch Variation der Molmasse des Dextrans nicht weiter optimiert werden, da die zuvor verwendete Molmasse von 70.000 g/mol bereits die besten Ergebnisse liefert. Zudem führt Dextran geringer Molmasse offenbar zu kleineren magnetischen Kerngrößen, was zu einem höheren Anteil nach Néel relaxierender Momente aber gleichzeitig auch zu einer verringerten MPS- und MR-Performance führt.

3.1.3 Variation der Ansatzkonzentration

Als letzter Syntheseparameter wurde die Gesamteisenkonzentration im Ansatz variiert, wobei durch Anpassung der Basenkonzentration ein Hydroxidüberschuss von 10 mM beibehalten wurde. Ausgehend von der Standardkonzentration von 50 mM Fe wurden zwei Synthesen bei geringerer (5 mM und 10 mM) sowie zwei Synthesen bei höherer (100 mM und 500 mM) Eisenkonzentration durchgeführt.

Tab. 1: Hydrodynamische Aggregatgröße mit Standardabweichung, pH-Wert, Ausbeute und das Verhältnis von Dextran zu Eisen im Syntheseansatz der partiellen Oxidation in Abhängigkeit der Eisenkonzentration im Ansatz

Eisenkonzentration im Ansatz [mM]	d_H [nm]	σ [nm]	Ausbeute [%]	mg Dextran / mmol Fe
5	183	81	56	2000
10	173	71	43	1000
50	158	56	47	200
100	172	73	22	100
500	162	106	0	20

Die Variation der Ansatzkonzentration hat keinen signifikanten Einfluss auf die Partikelgröße, welche zwischen etwa 160 nm und 180 nm liegt (siehe Tab. 1). Im Gegensatz zu den vorherigen Versuchen, bei denen die relative Breite der Partikelgrößenverteilung unverändert blieb und deshalb nicht gezeigt und diskutiert wurde, ändert sich diese im vorliegenden Versuch jedoch deutlich. Dabei führt sowohl eine Verringerung als auch eine Erhöhung der Eisenkonzentration im Ansatz zu einer Verbreiterung der Größenverteilung, erkennbar am zunehmenden σ. Weiterhin liefert die Durchführung der Synthese bei erhöhten Ansatz-konzentrationen deutlich verringerte Ausbeuten. So geht eine Verdopplung der Konzentration auf 100 mM Fe in etwa mit einer Halbierung der Ausbeute einher. Bei nochmaliger Erhöhung um den Faktor 5 werden kaum noch stabile Partikel erhalten. Dies ist auf zwei Effekte zurückzuführen. Erstens führt die Erhöhung der Ansatzkonzentration zu einer Zunahme der Partikeldichte pro Volumeneinheit, wodurch eine vermehrte Bildung von größeren Aggregaten, welche während der Aufreinigung abgetrennt werden, möglich ist. Dies erklärt auch die verbreiterte Partikelgrößenverteilung. Zweitens wurde in dieser Versuchsreihe die Massenkonzentration des Coatingmaterials konstant gehalten. Dadurch sinkt das Verhältnis Dextran/Eisen mit zunehmender Konzentration von 200 mg Dextran/mmol Fe bei einem 50 mM Ansatz auf 20 mg Dextran/mmol Fe bei einem 500 mM Ansatz. Somit steht dem einzelnen kristallisierten Partikel bei hohen Eisenkonzentrationen weniger Coatingmaterial zur Verfügung, was eine unzu-reichende Besetzungsdichte der Partikeloberfläche und somit eine unzureichende Stabilisierung zur Folge haben kann, wodurch der Partikel letztendlich ausfällt und bei der Aufreinigung des Syntheseansatzes abgetrennt wird.

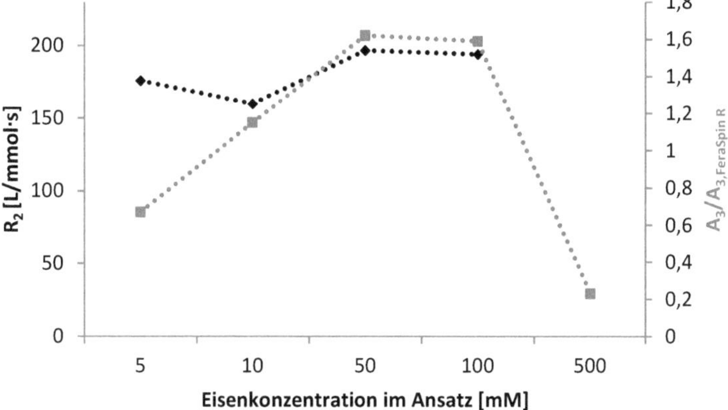

Abb. 22: Transversale Relaxivität (schwarz) und Amplitudenverhältnis $A_3/A_{3,\text{FeraSpin R}}$ (grau) in Abhängigkeit zur Eisenkonzentration im Ansatz

Abb. 22 zeigt die R_2-Relaxivität sowie die MPS-Performance in Abhängigkeit der Ansatzkonzentration. Hierbei führt die Erhöhung der Eisenkonzentration auf 100 mM zu keiner Veränderung der MPS-Performance sowie der R_2-Relaxivität. Bei 500 mM Fe im Ansatz sinkt die Performance für beide Anwendungen jedoch stark. Die Harmonischen im MPS gehen zügig im Rauschen unter (siehe Abb. 23) und die Messung der Relaxivitäten war aufgrund unzureichender Stabilität nicht mehr möglich. Wie oben bereits angemerkt, enthielt dieser Ansatz nur sehr wenige Partikel, welche wahrscheinlich eher zufällig ausreichend stabilisiert wurden, sodass sie in Suspension verblieben. Da diese jedoch nicht repräsentativ und sehr wahrscheinlich auch nicht reproduzierbar sind, ist eine Interpretation der Daten an dieser Stelle nicht sinnvoll. Jedoch kann aus diesen Ergebnissen der Schluss gezogen werden, dass ein Upscaling der Synthese durch Erhöhung der Eisenkonzentration bei gleichbleibender Dextrankonzentration nicht möglich ist. Bei einer Anpassung der Dextrankonzentration auf 100 mg/mL ist hingegen eine merkliche Viskositätserhöhung zu erwarten, welche einen signifikanten Einfluss auf den Syntheseablauf haben kann, sodass ein Upscaling wahrscheinlich am ehesten durch Vergrößerung des Ansatzvolumens realisiert werden könnte.

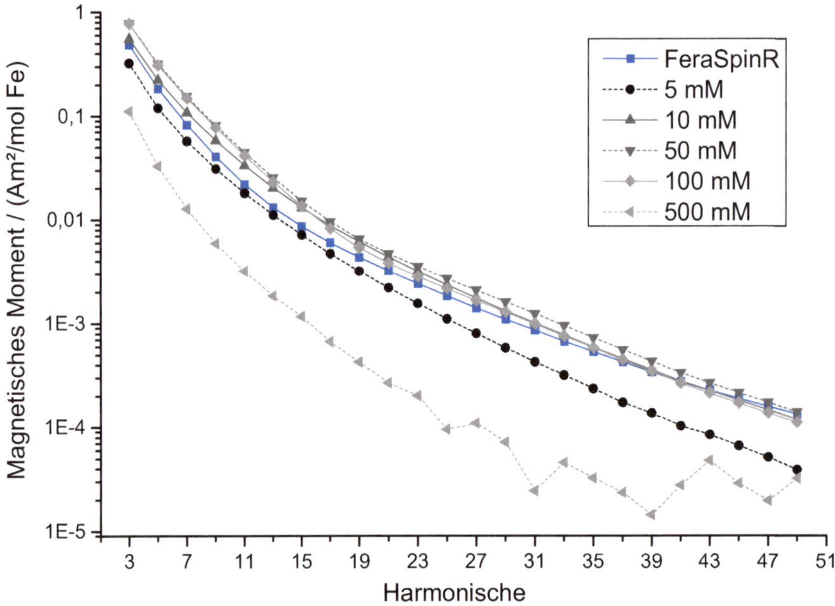

Abb. 23: MPS von magnetischen Nanopartikeln aus partieller Oxidation von Eisen(II)-hydroxid und *Green Rust* in Abhängigkeit der Gesamteisenkonzentration im Syntheseansatz

Eine Verringerung der Eisenkonzentration im Ansatz auf 10 mM oder 5 mM führte zu einer leichten Abnahme der R_2-Relaxivität und einer mittleren bis starken Abnahme der MPS-Performance. Der Grund dafür sind die geringere magnetische

Suszeptibilität sowie die geringere Sättigungsmagnetisierung (siehe Abb. 24). Möglicherweise führte in diesen Ansätzen das, gegenüber den Standardsynthese-bedingungen, erhöhte Dextran/Eisen-Verhältnis zu einem größeren Dextrananteil innerhalb der Partikelaggregate bzw. zu einem lockereren Verbund der einzelnen Kristallite, wodurch intrapartikuläre magnetische Wechselwirkungen eingeschränkt werden.

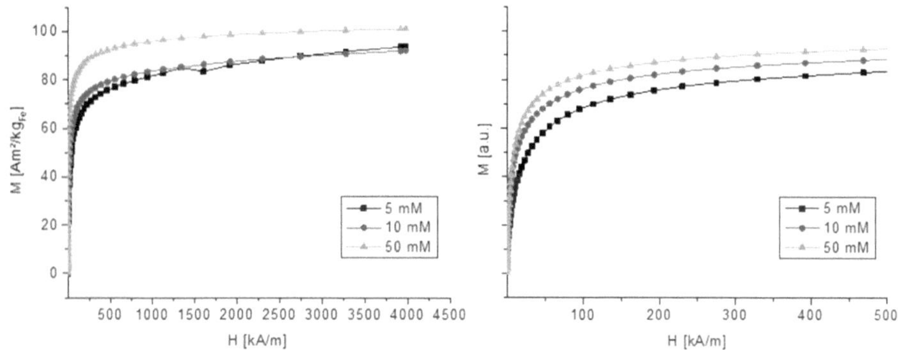

Abb. 24: Auf die Eisenmasse normierte Neukurve der statischen Magnetisierung von Eisenoxidnanopartikeln aus partieller Oxidation von Eisen(II)-hydroxid und Green Rust in Abhängigkeit der Gesamteisenkonzentration im Syntheseansatz (links) und Ausschnitt derselben Magnetisierungskurven im Bereich geringer Feldstärken normiert auf eine einheitliche Sättigungsmagnetisierung (rechts)

Zusammenfassend konnten durch die Variation weiterer Syntheseparameter die idealen Synthesebedingungen zur Herstellung von potentiellen MPI-Tracern und/oder MR-Kontrastmitteln durch partielle Oxidation von Eisen(II)-hydroxid und *Green Rust* weiter spezifiziert werden. So sollte der Hydroxidüberschuss in der Synthese möglichst gering gehalten werden, um die Ausbildung einer nichtmagnetischen Eisenoxidphase zu minimieren. Idealerweise liegt das Molekulargewicht des Coatingmaterials Dextran zwischen 40.000 g/mol und 70.000 g/mol, da Dextran mit größerer oder kleinerer Molmasse zu geringeren magnetischen Suszeptibilitäten und Sättigungsmagnetisierungen führt. Weiterhin ist eine Eisenkonzentration im Ansatz von 50 mM vorzuziehen, da geringere Konzentrationen ebenfalls in schlechteren magnetischen Eigenschaften und somit geringeren MPS- und MR-Effektivitäten resultieren. Eine Verdopplung der Ansatzkonzentration auf 100 mM führt zwar zu keiner Veränderung der MPS- und MR-Performance, allerdings ist die Ausbeute deutlich verringert. Möglicherweise kann die Synthese aber auch mit hoher Ausbeute und guter Performance bei höheren Eisenkonzentrationen durchgeführt werden, wenn die Dextran-konzentration entsprechend skaliert wird. Dadurch könnten insgesamt größere

Mengen pro Ansatz hergestellt werden. Zuvor muss jedoch ein möglicher Einfluss der daraus folgenden Viskositätserhöhung untersucht werden.

Unter den oben genannten Bedingungen synthetisierte Partikel weisen ein MPS auf, dessen Harmonische über den gesamten Frequenzbereich stärkere Amplituden aufweisen, als diejenigen der Referenzsubstanz FeraSpin R. Dies ist ein starkes Indiz für eine bessere MPI-Performance.

3.1.4 Formulierung und Sterilisierung

Nachdem die idealen Syntheseparameter gefunden wurden, sollen im Folgenden geeignete Verfahren zur Formulierung und Sterilisierung etabliert und die *in vivo*-Tauglichkeit der Partikel näher analysiert werden.

Bei der Formulierung werden die Osmolalität und der pH-Wert einer Partikelsuspension in Vorbereitung auf potentielle *in vivo*-Anwendungen und Zellkulturversuche auf physiologische Werte von etwa 290 mosmol/kg bzw. pH 7,35 – 7,45 eingestellt.[154] Dabei müssen die kolloidale Stabilität sowie die MPS- und MR-Performance erhalten bleiben.[115] Die so hergestellte Partikelformulierung muss weiterhin sterilisierbar sein und darf zudem keine Zytotoxizität aufweisen.[155]

Typische Substanzen, die für die Formulierung von Arzneistoffen eingesetzt werden, sind unter anderem Natriumchlorid (NaCl) und Mannitol. Ersteres findet als 0,9 %ige Lösung (308 mosmol/kg) breite Anwendung in der klinischen Routine.[156, 157] Mannitol wurde und wird hingegen insbesondere für die Formulierung von Eisenoxidnanopartikelsuspensionen für die Humanmedizin eingesetzt. Einige Beispiele hierfür sind Feraheme (Ferumoxytol, AMAG Pharmaceuticals)[158], Resovist (Ferucarbotran, Bayer Schering Pharma AG)[159] oder Endorem (von Guerbet bzw. Feridex IV von Berlex Laboratories).[160] Der Vorteil von Mannitol gegenüber NaCl ist die nur geringe Erhöhung der Ionenstärke, welche bei elektrostatisch und elektrosterisch stabilisierten Partikeln zu Aggregationen führen könnte. In dieser Arbeit wurden sowohl Mannitol als auch NaCl als mögliche Formulierungsreagenzien getestet.

Für die Formulierungs- und Sterilisierungsversuche wurde eine repräsentative Partikelsuspension ausgewählt, welche einen hydrodynamischen Durchmesser von etwa 197 nm aufweist. Um Rückschlüsse auf die Langzeitstabilität treffen zu können, wurde die hydrodynamische Größe der unformulierten Probe über einen langen Zeitraum beobachtet, wobei nur geringfügige Schwankungen auftraten (siehe Abb. 25). Die Partikelprobe weist somit eine hervorragende kolloidale Stabilität über mehr als zwei Jahre auf.

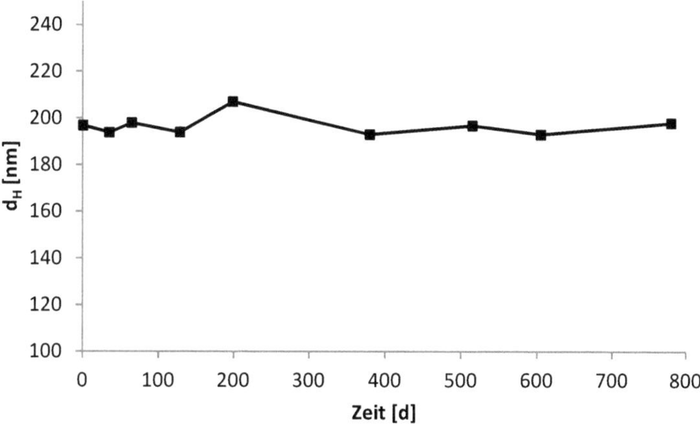

Abb. 25: Kolloidale Langzeitstabilität bewertet anhand der zeitlichen Veränderungen des hydrodynamischen Partikeldurchmessers einer repräsentativen Probe aus der partiellen Oxidation von Eisen(II)-hydroxid und *Green Rust*

Grund für die ausgezeichnete Stabilität ist die hohe Polymerkonzentration in den Suspensionen, die zu starken sterischen Abstoßungskräften Dextran-ummantelter Partikel führt. So ergab die gravimetrische Bestimmung der Feststoffkonzentration durch einfaches Abdampfen bei 60 °C (c_{solid} = 10,0 mg/mL) im Zusammenhang mit der photometrisch bestimmten Eisenkonzentration (c_{Fe} = 1,5 mg/mL) einen Eisenoxidanteil des Feststoffes von 21 %. Da die Suspension keine weiteren Zusätze enthält, sind die restlichen 79 % auf Dextran und adsorbiertes Restwasser zurückzuführen. Die thermogravimetrische Analyse (TGA) einer gefrier-getrockneten Probe (siehe Abb. 26) liefert bei Erhitzung bis auf 900 °C einen Masseverlust von 76 %. Dabei ist zunächst ein sanfter Masseverlust von etwa 15 % zu beobachten, der auf adsorbiertes Restwasser zurückzuführen ist.[161] Erst ab etwa 250 °C beginnt, in Übereinstimmung mit der Literatur,[162] der Zerfall des Dextrans, welcher bei etwa 370°C abgeschlossen ist. Daraus resultiert ein Polymergehalt von 61 Gew.-%.

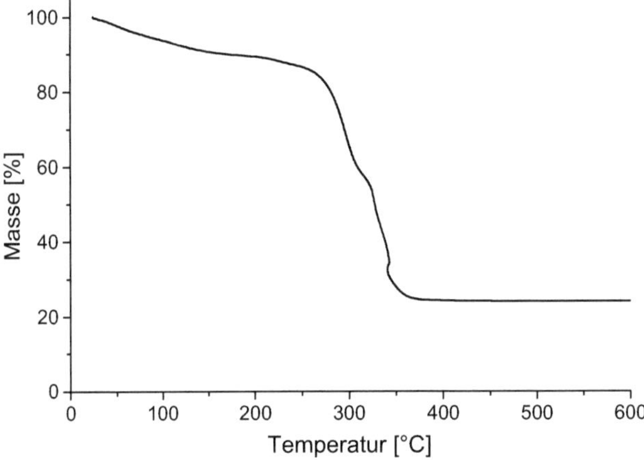

Abb. 26: Thermogravimetriekurve repräsentativer gefriergetrockneter Dextran-stabilisierter Eisenoxid-nanopartikel aus der partiellen Oxidation von Eisen(II)-hydroxid und *Green Rust*

Die Messung der Osmolalität dieser Partikelsuspension ergab einen Wert von 4 mosmol/kg. Der pH-Wert betrug etwa 6,1. Durch Zugabe einer Natriumchloridlösung bzw. einer Mannitollösung und Natronlauge wurden die Osmolalität und der pH-Wert anschließend auf physiologische Werte adjustiert. Die Partikelgröße, welche anfangs 197 nm betrug, änderte sich durch die Formulierung mit NaCl nicht. Die Verwendung von Mannitol führte hingegen zu einer Größenzunahme um 27 nm (siehe Tab. 2).

Tab. 2: Osmolalität, pH-Wert und hydrodynamischer Partikelgröße formulierter und nicht formulierter Partikelsuspensionen

Zustand	Osmolalität [mosmol/kg]	pH-Wert	d_H [nm]
unformuliert	4	6,1	197
formuliert mit NaCl	282	7,4	197
formuliert mit D-Mannitol	318	7,5	224

Für die anschließende Sterilisierung kommen prinzipiell verschiedene Verfahren wie beispielsweise das Autoklavieren, die Sterilfiltration oder die chemische Sterilisation in Frage.[163] Die Sterilfiltration erfolgt üblicherweise durch Filtration der Partikelsuspension durch einen Filter mit einer Porengröße von 0,22 µm. Da der mittlere hydrodynamische Durchmesser der Partikel jedoch nahe an diesem Wert liegt, wodurch zu erwarten ist, dass ein signifikanter Anteil der Partikel den Filter nicht passieren würde, ist die Sterilfiltration für dieses Partikelsystem nicht geeignet. Bei der chemischen Sterilisation mit Formaldehyd oder Ethylenoxid können Rückstände ernsthafte toxikologische Probleme verursachen,[164] weshalb diese Methode ebenfalls ausgeschlossen wird. Eine Sterilisation mit Ethanol wäre prinzipiell auch möglich, allerdings werden die Partikel während dieses Prozesses ausgefällt, wodurch leicht irreversible Aggregationen provoziert werden können. Aus diesen Gründen wurde die Sterilisation der Formulierungen durch Autoklavieren für 20 min bei 121°C und 1 bar Überdruck durchgeführt. Als Referenz wurde eine nicht formulierte Probe ebenfalls sterilisiert.

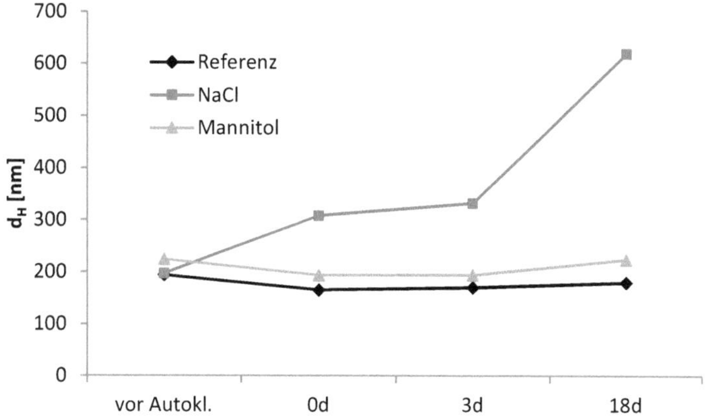

Abb. 27: Zeitliche Veränderung der hydrodynamischen Partikelgröße formulierter und nicht formulierter Partikelsuspensionen nach Sterilisierung durch Autoklavierung

Abb. 27 zeigt die hydrodynamische Partikelgröße vor und nach Autoklavierung, sowie deren zeitliche Veränderung über 18 Tage. Durch die Autoklavierung sank die Partikelgröße der Referenz um etwa 30 nm auf 165 nm. Diese Größenabnahme wurde in vorherigen Studien bereits bei einer Vielzahl anderer polymerstabilisierter Nanopartikel mehrfach beobachtet und liegt möglicherweise an einer druckinduzierten Komprimierung der polymeren Hülle. Innerhalb von 18 Tagen steigt die Partikelgröße langsam an und erreicht dadurch wieder den ursprünglichen Wert vor der Sterilisierung.

Die Autoklavierung der mit NaCl formulierten Partikelsuspension führte zu einer Destabilisierung des kolloidalen Zustandes, welche sich durch eine fortschreitende deutliche Größenzunahme und eine partielle Niederschlagsbildung nach 18 Tagen bemerkbar machte. Diese Art der Formulierung ist für dieses Partikelsystem folglich ungeeignet.

Die mit Mannitol formulierte Probe zeigt, ähnlich der Referenz, eine geringe Größenabnahme durch Autoklavierung, gefolgt von einer allmählichen Erholung innerhalb von 18 Tagen. Folglich ist, in Bezug auf die kolloidale Stabilität, eine Formulierung mit Mannitol möglich.

Durch Aufnahme der MPS-Spektren der unformulierten und mit Mannitol formulierten Proben vor und nach Autoklavierung sowie die Bestimmung der Relaxivitäten sollte weiterhin geklärt werden, ob auch die magnetischen Eigenschaften, welche die MPS- und MR-Performance definieren, unverändert bleiben. Die Aufnahme der MPS-Spektren erfolgte etwa 50 Tage nach der Autoklavierung. Die Relaxivitäten wurden vier Tage nach der Autoklavierung ermittelt.

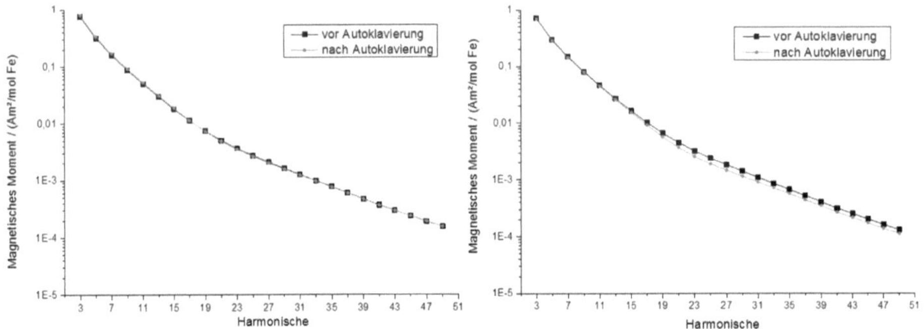

Abb. 28: MPS unformulierter (links) und mit Mannitol formulierter sowie pH-adjustierter (rechts) Eisenoxidnanopartikelsuspensionen vor und nach Sterilisierung durch Autoklavierung

Wie in Abb. 28 (links) zu sehen hat die Autoklavierung unformulierter Partikelsuspensionen keinen Einfluss auf die MPS-Performance. Ebenso führen der Mannitolzusatz und die pH-Adjustierung zu keiner Veränderung der Amplituden (nicht gezeigt). Das MPS der mit Mannitol formulierten und autoklavierten Probe weist bis zur 15. Harmonischen ebenfalls keinen Unterschied gegenüber der nicht sterilisierten Probe auf (Abb. 28 rechts). Im Bereich höherer Harmonischer sind die Amplituden der autoklavierten Suspensionen geringfügig schwächer. An dieser Stelle ist jedoch nochmals darauf hinzuweisen, dass die Aufnahme der MPS-Spektren erst etwa 50 Tage nach der Sterilisierung stattfand, sodass die leichten Performanceunterschiede möglicherweise, durch die Autoklavierung induzierte, Alterungsprozesse sind.

Die transversalen Relaxivitäten der unformulierten und mit Mannitol formulierten Proben sind mit Werten von 229 L/mmol·s bzw. 239 L/mmol·s nahezu identisch (siehe Tab. 3). Die anschließende Autoklavierung hatte bei der formulierten Probe nahezu keinen Effekt und führte bei der unformulierten Suspension zu einer geringen Zunahme von R_2. Folglich haben weder die Formulierung noch die anschließende Autoklavierung einen negativen Einfluss auf die MR-Performance.

Tab. 3: Transversale Relaxivitäten unformulierter und mit Mannitol formulierter und pH-adjustierter Eisenoxidnanopartikelsuspensionen vor und nach Sterilisierung durch Autoklavierung

	autoklaviert	R_2 [L/mmol*s]
unformuliert	×	229
	✓	260
formuliert mit D-Mannitol	×	239
	✓	252

Zusammenfassend konnten durch den Einsatz von Mannitol und Natronlauge sowie der Autoklavierung geeignete Verfahren zur Partikelformulierung und -sterilisierung entwickelt werden. Eine Formulierung mit NaCl führt hingegen zur Partikelaggregation und ist somit ungeeignet.

3.1.5 Oberflächenmodifizierung

Nachdem die Syntheseparameter weitestgehend optimiert sowie geeignete Methoden zur Partikelformulierung und -sterilisierung etabliert wurden, erfolgten in nachfolgenden Schritten verschiedene Oberflächenmodifikationen, um somit erweiterte Einsatzmöglichkeiten der Partikel durch Biokonjugationen oder Kopplungen anderer Moleküle zu schaffen. Dabei wurden sowohl Carboxyl- als auch Aminofunktionalitäten in die chemische Struktur des Hüllmaterials eingebracht. Der Nachweis der Funktionalisierung erfolgt weitestgehend über die pH-abhängige Analyse der hydrodynamischen Größe sowie des Zetapotentials (ZP).

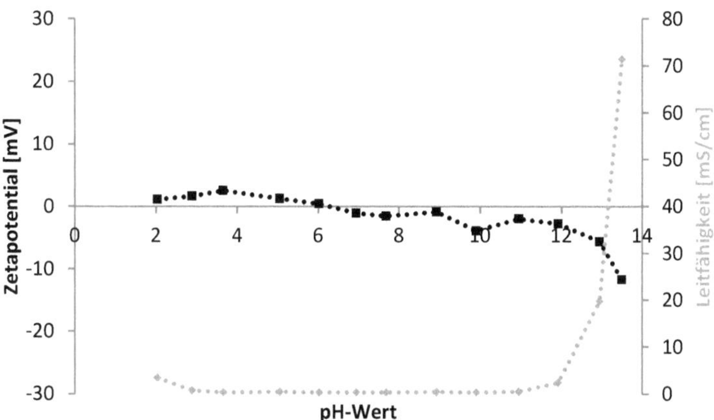

Abb. 29: Zetapotential (schwarz) und Leitfähigkeit (grau) Dextran-stabilisierter Eisenoxidnano-partikelsuspensionen aus partieller Oxidation von Eisen(II)-hydroxid und *Green Rust* in Abhängigkeit des pH-Wertes

Abb. 29 zeigt das Zetapotential der Dextran-stabilisierten Partikel in Abhängigkeit des pH-Wertes, welcher durch Zugabe von Natronlauge oder Salzsäure eingestellt wurde. Da das gemessene Zetapotential stark von der Ionenstärke des Dispersionsmediums abhängt[119], wird zusätzlich die Leitfähigkeit als Maß für die Ionenstärke angegeben. Erwartungsgemäß weisen die Partikel durch das neutrale Polymer Dextran zwischen pH 2 – 12 ein Zetapotential nahe Null auf. Dennoch ist ein isoelektrischer Punkt (IEP) im neutralen pH-Bereich erkennbar. Im stark basischen pH-Bereich findet die Deprotonierung der Hydroxylgruppen des Dextrans statt[165], wodurch das Zetapotential auf -11,7 mV sinkt. Dabei ist zu beachten, dass durch die hohe Basenkonzentration, die für diesen pH-Wert erforderlich ist, die Leitfähigkeit stark ansteigt. Dass trotz dieser hohen Ionenstärke, welche zu einer starken Ladungsabschirmung führt[119], ein solch hohes Zetapotential gemessen wird, deutet auf eine hohe Oberflächenladungsdichte respektive starke Deprotonierung des Dextrans hin, die für die nachfolgenden Funktionalisierungen erforderlich ist.

3.1.5.1 Carboxymethylierung

Die Oberflächenmodifikation durch Einbringen von Carboxylgruppen erfolgte durch Umsetzung der Partikelsuspensionen mit Monochloressigsäure (MCA) nach Abb. 30. Hierbei werden die Hydroxylgruppen des Dextrans durch eine starke Base aktiviert (deprotoniert), wodurch Alkoholate entstehen, an denen anschließend eine nukleophile Substitution mit MCA stattfindet. Die ausführliche Reaktionsdurchführung ist im Anhang unter 5.1.2 zu finden.

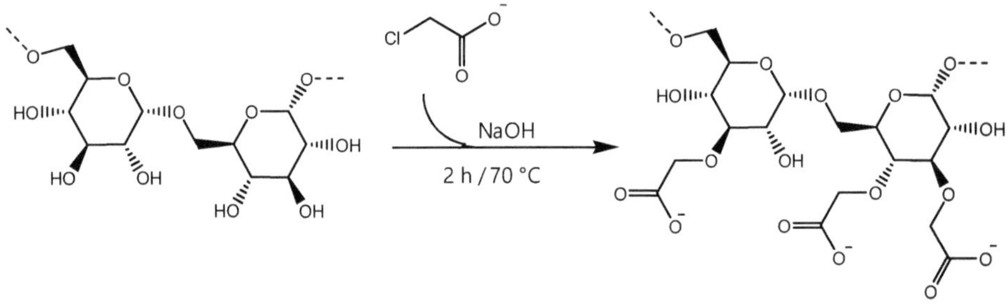

Abb. 30: Darstellung von Carboxymethyldextran durch Umsetzung von Dextran mit Monochloressigsäure im stark basischen Milieu bei erhöhter Temperatur

In der vorliegenden Arbeit wurde hauptsächlich der Einfluss verschiedener Mengen an MCA untersucht. Da die Reaktion an den Hydroxylgruppen der Dextranmoleküle stattfindet, wird die Menge an MCA als molares Verhältnis von [MCA/OH] angegeben, wobei Verhältnisse von 0 – 50 untersucht wurden. Bis zu einem [MCA/OH] von 2 wurden der Reaktionslösung 2 mL 5 M NaOH-Lösung zugesetzt, um einen stark basischen pH-Wert zu gewährleisten, welcher die, für die

Reaktion essentielle, Deprotonierung der Hydroxygruppen garantiert. Aufgrund der erhöhten Säuremenge bei [MCA/OH] von 10 und 25 wurden hier 3 mL 5 M NaOH-Lösung zugesetzt; bei [MCA/OH] von 50 2 mL 15 M NaOH-Lösung. Die resultierenden pH-Werte der Reaktionsansätze sind in Abb. 31 dargestellt. Mit Werten zwischen 13,0 und 13,8 liegen diese nahe dem optimalen pH-Wert von 13,5, welcher von *Ge et al.* bei der Carboxymethylierung von Chitosan unter Mikrowellenstrahlung ermittelt wurde.[166]

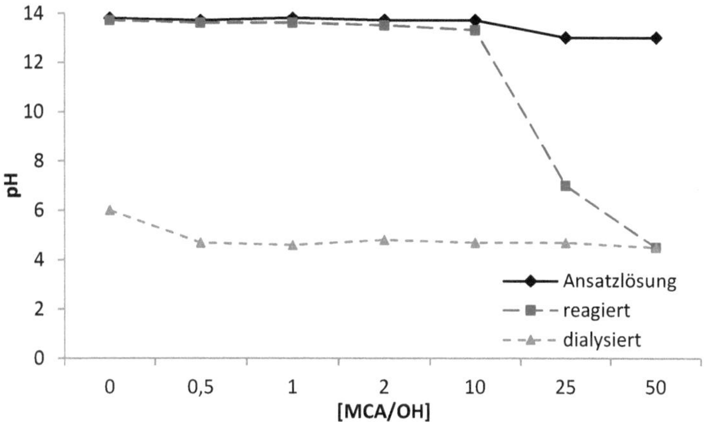

Abb. 31: pH-Werte der Partikelsuspensionen zu Beginn der Carboxymethylierungsreaktion, nach der Reaktion sowie nach der Aufreinigung durch Dialyse in Abhängigkeit der eingesetzten Menge an Chloressigsäure, angegeben als Verhältnis [MCA/OH]

Weiterhin enthält Abb. 31 die pH-Werte der abgekühlten Reaktionslösungen nachdem sie für 2 h bei 70 °C gerührt wurden, sowie die pH-Werte nach Dialyse gegen MilliQ-Wasser. Hierbei ist deutlich zu erkennen, dass bis zu [MCA/OH] von 10 keine nennenswerte Veränderung des pH-Wertes nach der Reaktion zu beobachten war. Bei [MCA/OH] von 25 bzw. 50 sinkt der pH-Wert jedoch auf 7,0 bzw. 4,5. Nach Einstellen des pH-Wertes auf etwa 7 und anschließender Dialyse gegen MilliQ-Wasser weist die Referenzsuspension, welche ohne MCA-Zusatz mitgeführt wurde, einen pH-Wert von 6,0 auf. Die restlichen Partikelsuspensionen haben allesamt geringere pH-Werte zwischen 4,5 und 4,8. Diese leicht sauren pH-Werte deuten auf das Vorhandensein von Säuregruppen hin und sind somit bereits ein erstes Indiz für eine erfolgreiche Carboxymethylierung.

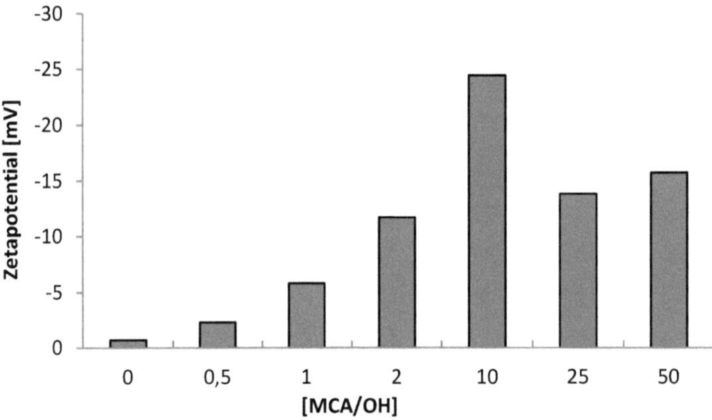

Abb. 32: Zetapotential carboxymethylierter Dextran-umhüllter Eisenoxidnanopartikel in Abhängigkeit der eingesetzten Menge an Chloressigsäure, angegeben als Verhältnis [MCA/OH]. Sämtliche Proben wurden vor der Messung auf einen pH-Wert zwischen 4,9 und 5,1 eingestellt. Die Leitfähigkeiten aller Proben liegen zwischen 0,1 und 0,4 mS/cm.

Abb. 32 zeigt die Zetapotentiale der erhaltenen Partikelsuspensionen bei einem pH-Wert von etwa 5. Erwartungsgemäß weist die Referenz ([MCA/OH] = 0) ein unverändertes ZP gegenüber der Originalsuspension (ZP = 1,8 mV) auf. Der stark basische pH-Wert hatte also keinen Effekt auf die Partikel. Anschließend steigt der Betrag des ZP mit zunehmendem [MCA/OH] in den negativen Bereich. Dies deutet auf das Vorhandensein von negativ geladenen Oberflächengruppen und somit ebenfalls auf eine erfolgreiche Carboxymethylierung hin. Bei [MCA/OH] von 10 wird ein Maximum von -24 mV erreicht. Wird die MCA-Menge weiter erhöht, so werden weniger stark negative ZP von etwa -15 mV erhalten. Eine wahrscheinliche Erklärung dafür liegt in der Umwandlung der Monochloracetat-Ionen in Glycolat-Ionen nach folgender Reaktionsgleichung:

$$ClCH_2COO^- + H_2O \rightleftarrows HOCH_2COO^- + H^+ + Cl^- \qquad \text{(Gl. 3.1)}$$

Diese Hydrolyse ist eine typische Nebenreaktion, welche auftritt, wenn neutrale oder basische wässrige Lösungen von MCA erhitzt werden.[167] Zudem wird diese Reaktion mit steigender NaOH-Konzentration begünstigt.[165, 168] Findet die Hydrolyse statt, so werden Protonen freigesetzt; der pH-Wert sinkt. Werden nur geringe Mengen an MCA eingesetzt, so hat diese Nebenreaktion kaum Einfluss auf den stark basischen pH-Wert. Bei [MCA/OH] von 25 bzw. 50 werden jedoch weitaus mehr Protonen gebildet, welche zur Verringerung des pH-Wertes von 13,0 auf 7,0 bzw. 4,5 führen. Diese pH-Werterniedrigung hat wiederum zur Folge, dass die Hydroxylfunktionen des Dextrans nicht mehr deprotoniert vorliegen, wodurch die Carboxymethylierung behindert wird und somit die geringeren ZP erklärt.

Da diese Nebenreaktion hauptsächlich bei erhöhten Temperaturen stattfindet, könnte sie vermieden werden, indem die Carboxymethylierung beispielsweise bei Raumtemperatur, wie in [169] beschrieben, durchgeführt wird. Testweise wurden deshalb mehrere Ansätze mit [MCA/OH] von 0,2 – 10 hergestellt, wie in der Quelle beschrieben für 70 min bei Raumtemperatur gerührt und anschließend identisch zu den obigen Ansätzen mittels Dialyse aufgereinigt. Die so hergestellten Proben wiesen allesamt Zetapotentiale zwischen 2,1 mV und 4,6 mV auf, welche belegen, dass unter diesen Bedingungen keine Carboxymethylierung stattfand. Auch *Chau et al.* beschreiben, dass für diese Reaktion eine erhöhte Temperatur erforderlich ist und führten diese ebenfalls bei 70 °C durch.[170] *Jiang et al.* zeigten, dass eine Temperatur von 55 °C optimal ist, wobei jedoch der geringere Carboxymethylierungsgrad bei höheren Temperaturen mit der Hemmung der exothermen Reaktion und nicht mit der vermehrten Hydrolyse der MCA begründet wurde.[168]

Nachfolgend wurde der isoelektrische Punkt der Probe mit dem scheinbar höchsten Carboxymethylierungsgrad (MCA/OH = 10) durch Messung des Zetapotentials bei pH-Werten zwischen 2 und 11 grafisch ermittelt. Die gemessenen Zetapotentiale mit den dazugehörigen Leitfähigkeiten sind in Abb. 33 dargestellt.

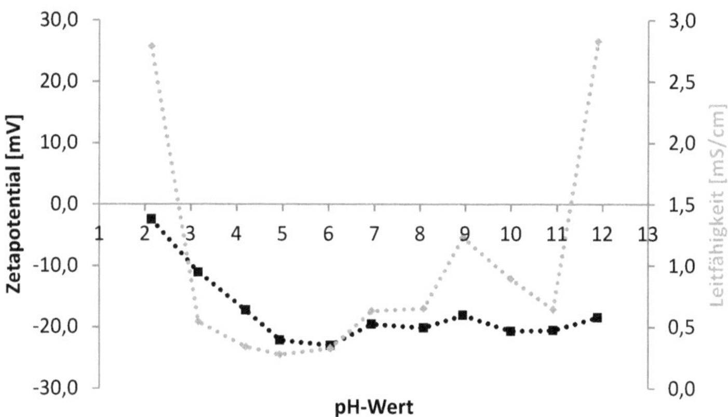

Abb. 33: Zetapotential (schwarz) und Leitfähigkeit (grau) carboxymethylierter Eisenoxidnanopartikelsuspensionen in Abhängigkeit des pH-Wertes

Durch die Carboxymethylierung wurde der isoelektrische Punkt deutlich in den sauren pH-Bereich verschoben, wobei dieser selbst bei dem geringsten untersuchten pH-Wert von 2,1 noch nicht ganz erreicht ist (ZP = -2 mV). Mit steigendem pH-Wert sinkt das Zetapotential durch Deprotonierung der Carboxylfunktionen auf etwa -20 mV und erreicht bei pH ~5 ein Plateau. Die weitere Erhöhung des pH-Wertes führt zu keiner Veränderung des ZP und deutet somit an, dass bereits sämtliche Carboxylfunktionen in Carboxylat-Form vorliegen.[171] Zusammengefasst ist auch dieses pH-abhängige Verhalten sowie die Verschiebung des IEPs ein weiteres deutliches Indiz einer erfolgreichen Carboxymethylierung.

Weiterhin ist zu erwähnen, dass die Umsetzung mit MCA zu keiner sichtbaren Partikelaggregation führte und die Partikel folglich auch nach der Reaktion in stabiler kolloidaler Suspension vorliegen. Die Messung der hydrodynamischen Partikeldurchmesser ergab jedoch eine Größenzunahme um bis zu 39 nm (siehe Abb. 34).

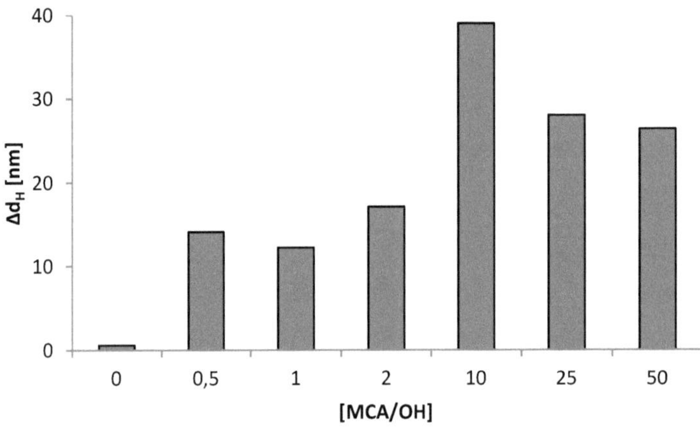

Abb. 34: Veränderung der hydrodynamischen Größe nach Carboxymethylierung in Abhängigkeit der eingesetzten Menge an Chloressigsäure, angegeben als Verhältnis [MCA/OH]

Ein möglicher Grund dafür sind leichtere Aggregationsprozesse während der Synthese. Überraschenderweise korreliert die Stärke der Größenzunahme jedoch mit dem Zetapotential der Proben und deutet somit einen Zusammenhang an. Dabei wäre es denkbar, dass ein höherer Carboxymethylierungsgrad zu einer vermehrten Abstoßung der geladenen Polymerketten, welche auf der Partikeloberfläche adsorbiert sind, führt, wodurch die Hydrathülle aufquillt. Gleichzeitig führt die höhere Ladungsdichte zu einer Zunahme der Dicke der Gegenionenwolke. Beide Effekte führen somit zu einer Vergrößerung des hydrodynamischen Partikeldurchmessers. Um zu klären, ob die Veränderung der Größe durch Partikelaggregation oder durch die Hüllmodifikation hervorgerufen wird, wurden die hydrodynamischen Partikelgrößen der pH-eingestellten Proben aus der Bestimmung des isoelektrischen Punktes gemessen (Abb. 35 links). Zudem wurde die Größe bei verschiedenen NaCl-Konzentrationen respektive Ionenstärken analysiert (Abb. 35 rechts).

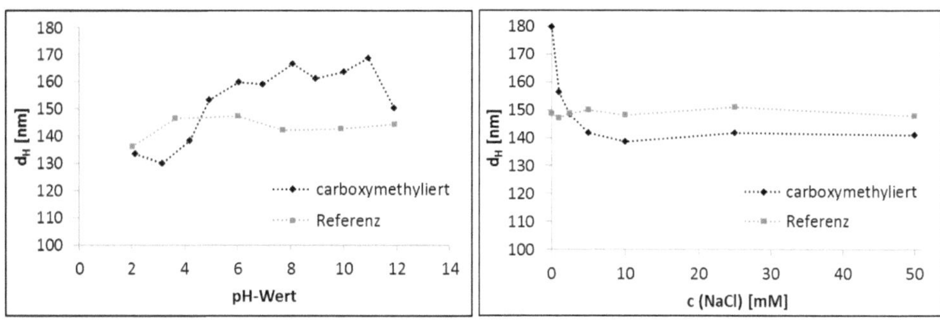

Abb. 35: Abhängigkeit der hydrodynamischen Partikelgröße carboxymethylierter und unmodifizierter Partikel vom pH-Wert (links) und der Ionenstärke bei pH ~7 (rechts)

Wie der Abbildung zu entnehmen ist, weist die hydrodynamische Partikelgröße der carboxymethylierten Probe eine deutliche Abhängigkeit vom pH-Wert auf, während diejenige der Referenz nur leicht um einen Mittelwert von 143 nm schwankt. Dabei sinkt die Größe der Oberflächenmodifizierten Probe leicht von 169 nm bei pH 11 auf 153 nm bei pH 5. Anschließend folgt ein steiler Abfall um 15 nm innerhalb von nur 0,7 pH-Einheiten. In exakt diesem Bereich beginnt auch die betragsmäßige Abnahme des Zetapotentials (vgl. Abb. 33). Diese Abnahme der hydrodynamischen Partikelgröße im sauren pH-Bereich deutet darauf hin, dass die Oberflächenladung bzw. die Gegenionenwolke für die Größenveränderung nach Carboxymethylierung verantwortlich ist. Mit sinkendem pH-Wert fällt der Anteil deprotonierter Carboxylfunktionen. Dadurch sinkt die Oberflächenladungsdichte und somit auch die Dicke der Gegenionenwolke bzw. die elektrostatische Abstoßung der adsorbierten Dextranketten.

Der deutliche Abfall der Partikelgröße um 18 nm von pH 11 zu pH 12 ist hingegen auf die starke Erhöhung der Ionenstärke durch Basenzugabe, erkennbar an der Zunahme der Leitfähigkeit von 0,6 mS/cm auf 2,8 mS/cm, mit einhergehender Komprimierung der elektrischen Doppelschicht zurückzuführen.[119] Dieser Effekt ist auch in Abb. 35 rechts, welche die hydrodynamische Partikelgröße bei pH ~7 in Abhängigkeit der Ionenstärke zeigt, gut erkennbar. Während die Größe der unmodifizierten Probe bei einer Elektrolytkonzentration zwischen 0 mM und 50 mM NaCl konstant bleibt, sinkt diejenige der carboxymethylierten Partikel von anfänglichen 180 nm bei Verdünnung in MilliQ-Wasser auf 140 nm bei Verdünnung in 10 mM NaCl und bleibt bei weiterer Erhöhung der Ionenstärke konstant bei diesem Wert. Solch eine Ionenstärke-Abhängigkeit der hydrodynamischen Größe ist typisch für geladene Partikel.[172] In einem Medium mit geringer Ionenstärke führt die Oberflächenladung zur Ausbildung einer ausgedehnten elektrischen Doppelschicht, welche die Diffusionsgeschwindigkeit verringert, woraus ein größerer hydrodynamischer Durchmesser resultiert. Bei höheren Ionenstärken wird die Doppelschicht komprimiert und es wird ein kleinerer Durchmesser erhalten.[115] Die Größenveränderung durch Carboxymethylierung ist somit ausschließlich auf die Bildung einer elektrischen Doppelschicht und nicht auf Partikelaggregation zurückzuführen. Dass der Einbruch der Partikelgröße im stark sauren pH-Bereich nicht zu beobachten ist, liegt daran, dass die Partikel hier nicht mehr geladen sind, also auch keine Komprimierung der Doppelschicht stattfinden kann.

Zusammengefasst deuten sowohl pH-Werte und Zetapotentiale als auch die Abhängigkeit der hydrodynamischen Partikelgröße vom pH-Wert und der Ionenstärke auf eine erfolgreiche Carboxymethylierung hin. Um diese jedoch eindeutig nachzuweisen wurde im Folgenden eine Biokonjugation mit NeutrAvidin durchgeführt. Eine Kopplungsroute via Carbodiimid-Chemie wurde bereits in vorherigen eigenen Versuchen erfolgreich etabliert.[173] Dabei werden zunächst die neu eingebrachten Carboxylfunktionen mittels 1-Ethyl-3-(3-dimethylaminopropyl)-carbodiimid (EDC) und N-Hydroxysuccinimid (NHS) in einen Aktivester überführt, welcher anschließend spontan mit Nukleophilen, wie zum Beispiel den Aminogruppen des NeutrAvidins unter Ausbildung einer Amidbindung, reagiert. Der Nachweis der Biokonjugation erfolgt wiederum durch Inkubation der NeutrAvidin-funktionalisierten Partikel auf Biotin-beschichteten Mikrotiterplatten, gefolgt vom Auflösen der gebundenen Eisenoxidnanopartikel und Anfärben des freigesetzten Eisens mit Kaliumhexacyanoferrat (II), wodurch Berliner Blau entsteht. Diese Blaufärbung dient als qualitativer Nachweis der erfolgreichen Kopplung.

In einem Kopplungsversuch wurden die Partikel mit dem niedrigsten Zetapotential von -24 mV mit NeutrAvidin gekoppelt, auf Biotin-beschichteten Mikrotiterplatten inkubiert und anschließend angefärbt. Parallel wurden die Referenzpartikel aus der Carboxymethylierung, bei denen keine MCA zugesetzt wurde, als Negativprobe mitgeführt. Die ausführliche Durchführung ist im Anhang unter 5.1.4 zu finden.

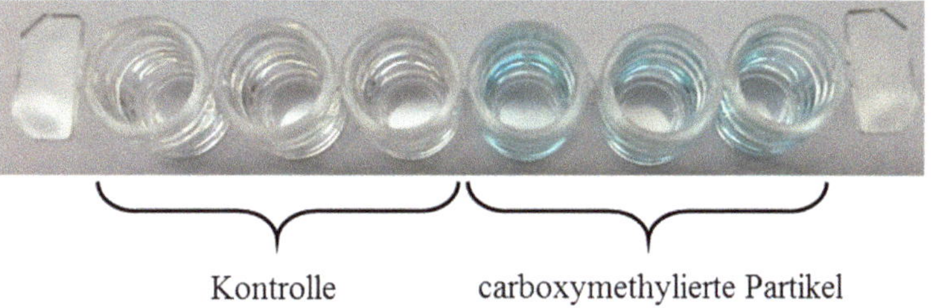

Abb. 36: Nachweis der NeutrAvidin-Biokonjugation an carboxymethylierten Eisenoxid-nanopartikeln durch Inkubation in Biotin-beschichteten Kavitäten einer Mikrotiterplatte und anschließendem Anfärben durch Berliner Blau-Färbung

Beide Proben waren nach der chemischen Kopplung stabil und zeigten, gemessen an der hydrodynamischen Partikelgröße, keine Aggregationsprozesse. Die Kavitäten des Biotin-Assays der Kontrolle weisen keine Blaufärbung auf, da keine Carboxylfunktionen an der Partikeloberfläche vorhanden sind, an welche NeutrAvidin gekoppelt haben könnte (siehe Abb. 36). Im Gegensatz dazu weisen die Kavitäten, in welchen die zuvor carboxymethylierten und anschließend mit NeutrAvidin gekoppelten Partikel inkubiert wurden, eine deutliche Färbung auf. Diese Färbung ist der Nachweis für die erfolgreiche Carboxymethylierung der Dextranhülle der Eisenoxidnanopartikel. Weiterhin wurde durch diesen Versuch nachgewiesen, dass die eingeführten Carboxylfunktionen nicht sterisch behindert sind und somit für Biokonjugationen oder andere Kopplungen zur Verfügung stehen und dass im Falle der NeutrAvidin-Kopplung die Aktivität des Proteins erhalten bleibt, sodass eine weitere Konjugation von biotinylierten Molekülen möglich ist.

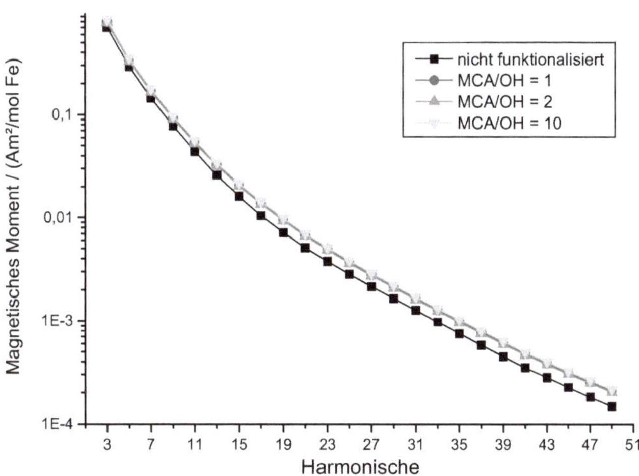

Abb. 37: MPS von funktionalisierten magnetischen Nanopartikeln aus partieller Oxidation von Eisen(II)-hydroxid und *Green Rust* in Abhängigkeit der Carboxymethylierungsparameter im Vergleich zu nicht modifizierten Partikeln

Für die spätere Anwendung funktionalisierter Partikel ist der Erhalt der MPS-Performance ein wichtiger Faktor. Um den Einfluss der Funktionalisierungs-reaktion auf die MPS-Performance zu untersuchen, wurden deshalb abschließend die MPS ausgewählter Proben aufgenommen. Hierfür wurden Partikel, welche bei [MCA/OH] von 1, 2 bzw. 10 carboxymethyliert wurden und anschließend Zetapotentiale von -6 mV, -12 mV bzw. -24 mV aufwiesen, ausgewählt. Die entsprechenden Spektren sind in Abb. 37 dargestellt und belegen, dass die Funktionalisierung keinen negativen Einfluss auf die MPS-Performance hat. Die Amplituden der Harmonischen der funktionalisierten Partikel übersteigen diejenigen der unfunktionalisierten Proben sogar geringfügig. Die Menge an MCA hat dabei keinen Einfluss auf die Performance; sämtliche Spektren funktionalisierter Partikel sind identisch.

3.1.5.2 Aminierung

Als weitere Oberflächenmodifikation wurde eine Quervernetzung und Aminierung des Hüllmaterials mit Epichlorhydrin und Ammoniak nach Abb. 38 durchgeführt.

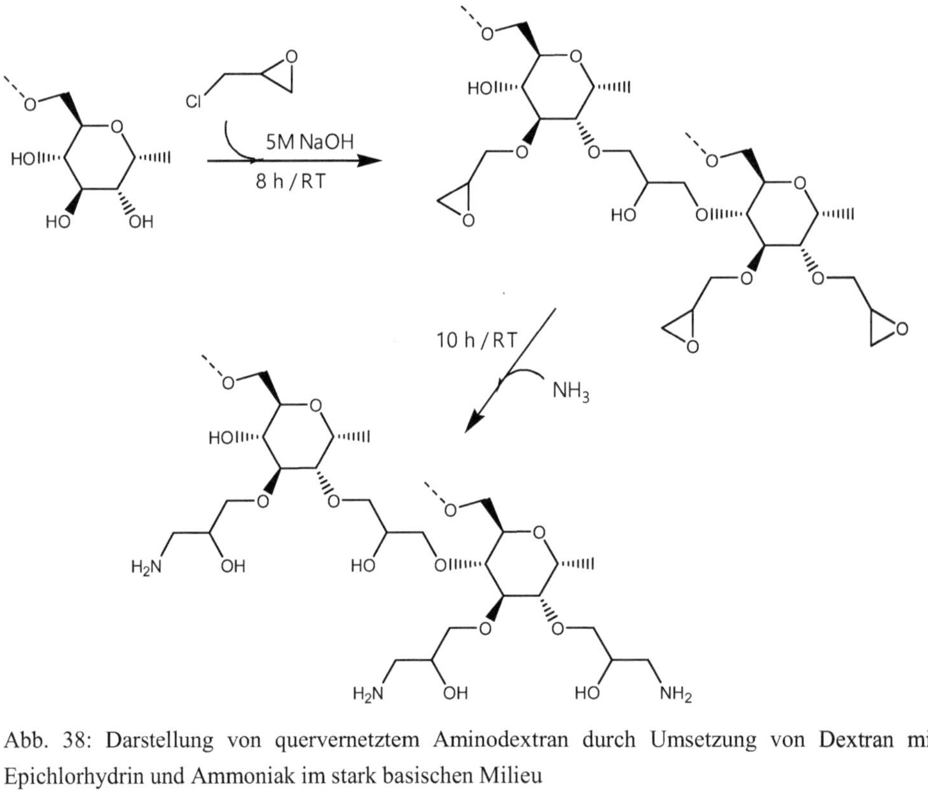

Abb. 38: Darstellung von quervernetztem Aminodextran durch Umsetzung von Dextran mit Epichlorhydrin und Ammoniak im stark basischen Milieu

Wie schon bei der Carboxymethylierung werden auch bei der Aminierung zunächst die Hydroxylfunktionen des Dextrans durch eine starke Base aktiviert. Durch die anschließende Umsetzung mit Epichlorhydrin wird der Vernetzer in das Dextranmolekül eingebracht. Der Angriff eines weiteren Alkoholates führt dann durch Ringöffnung zur Quervernetzung (gezeigt im ersten Teilschritt in Abb. 38). Greift hingegen Ammoniak an, so wird durch Ringöffnung eine Aminofunktion eingebracht (gezeigt im zweiten Teilschritt in Abb. 38). Die ausführliche Reaktionsdurchführung ist im Anhang unter 5.1.3 zu finden.

Bei der Aminierung wurde der Einfluss verschiedener Mengen an Epichlorhydrin, angegeben als [ECH/OH], und Ammoniak, angegeben als [NH$_3$/OH], untersucht.

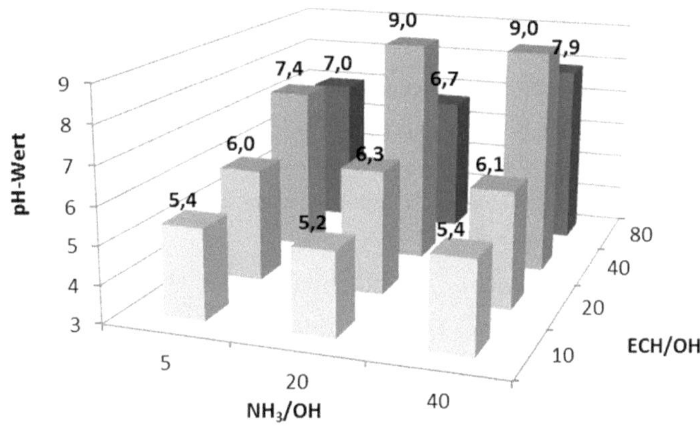

Abb. 39: pH-Werte aufgereinigter Partikelsuspensionen nach Aminierung in Abhängigkeit der eingesetzten Menge an Epichlorhydrin, angegeben als [ECH/OH], und Ammoniak, angegeben als [NH$_3$/OH]

In Abb. 39 sind die pH-Werte nach Dialyse in Abhängigkeit der Aminierungs-parameter dargestellt. Bei [ECH/OH] von 10 hat sich der pH-Wert mit 5,2 – 5,4 gegenüber der nicht aminierten Probe (pH 5,4) nicht verändert. Bei [ECH/OH] von 20 wird ein geringfügig höherer pH von 6,0 – 6,3 erhalten, welcher jedoch keine Abhängigkeit von der NH$_3$-Konzentration aufweist. Wird Epichlorhydrin im 40-fachen Überschuss zu OH eingesetzt, so steigt der pH-Wert deutlich auf Werte von 7,4 bei [NH$_3$/OH] von 5 bzw. 9,0 bei [NH$_3$/OH] von 20 oder 40. Diese pH-Werterhöhungen deuten auf das Vorhandensein basischer Gruppen und somit auf eine erfolgreiche Aminierung hin. Bei [ECH/OH] = 80 werden pH-Werte von 6,7 – 7,9 erhalten, welche auf einen geringeren Aminierungsgrad gegenüber [ECH/OH] = 40 hindeuten.

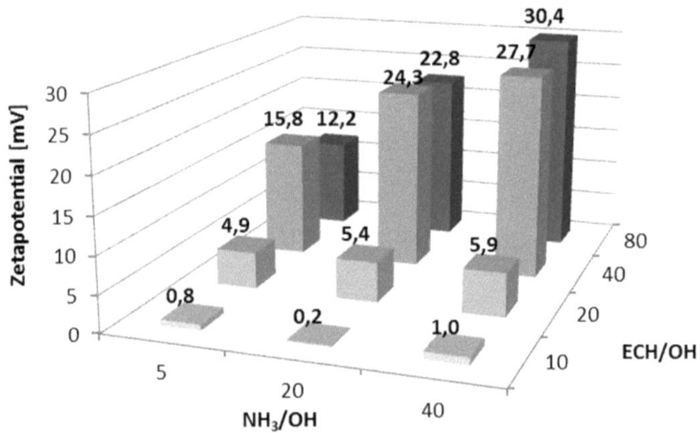

Abb. 40: Zetapotential aminierter Dextran-umhüllter Eisenoxidnanopartikel in Abhängigkeit der eingesetzten Menge an Epichlorhydrin, angegeben als [ECH/OH], und Ammoniak, angegeben als [NH$_3$/OH]. Sämtliche Proben wurden vor der Messung auf einen pH-Wert zwischen 5,8 und 6,0 eingestellt. Die Leitfähigkeiten aller Proben liegen zwischen 0,2 und 0,7 mS/cm.

Abb. 40 zeigt die gemessenen Zetapotentiale bei pH ~6 in Abhängigkeit der Aminierungsparameter. Der Einsatz eines 10-fachen Überschusses an Epichlorhydrin führte dabei mit Werten von 0,2 mV – 1,0 mV zu keiner Veränderung des Zetapotentials (ZP vor Aminierung = 1,8 mV). Wird ein 20-facher Überschuss eingesetzt, so werden leicht positive ZP von 5 mV – 6 mV erhalten, welche auf eine erfolgreiche Aminierung hindeuten. Eine nochmalige Verdopplung der eingesetzten Menge an Epichlorhydrin führt zu einer deutlichen Erhöhung des ZP, welches nun zusätzlich eine Abhängigkeit von der NH$_3$-Menge aufweist und somit Werte von 16 mV – 28 mV liefert. Wird die eingesetzte Menge an Crosslinker weiter erhöht, hat dies kaum Einfluss auf die Oberflächenladung; es werden Werte von 12 mV – 30 mV erhalten.

Nachfolgend wurde der isoelektrische Punkt der Probe mit [ECH/OH] = 40 und [NH$_3$/OH] = 40 durch Messung des Zetapotentials bei pH-Werten zwischen 2 und 11 grafisch ermittelt. Die gemessenen Zetapotentiale mit den dazugehörigen Leitfähigkeiten sind in Abb. 41 dargestellt.

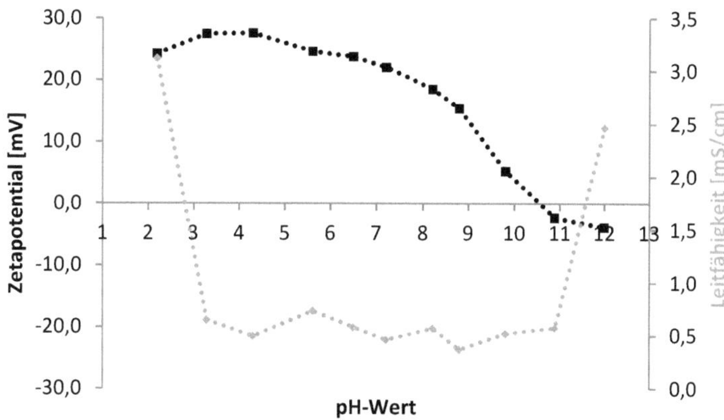

Abb. 41: Zetapotential (schwarz) und Leitfähigkeit (grau) aminierter Eisenoxidnanopartikelsuspensionen in Abhängigkeit des pH-Wertes

Durch die Aminierung wurde der isoelektrische Punkt deutlich in den basischen pH-Bereich verschoben und liegt etwa bei pH 10,5. Mit sinkendem pH-Wert steigt das Zetapotential auf bis zu 28 mV bei pH 4,3. Die weitere Absenkung des pH-Wertes bis pH 2,2 führt, wahrscheinlich aufgrund der starken Erhöhung der Ionenstärke respektive Leitfähigkeit mit einhergehender Ladungsabschirmung, zu einer leichten Abnahme des Zetapotentials auf 24 mV. Das leicht negative Zetapotential im stark basischen Milieu ist auf die beginnende Deprotonierung verbleibender Hydroxylfunktionen zurückzuführen. Die Verschiebung des IEPs nach rechts sowie die stark positiven Zetapotentiale im schwach basischen bis sauren pH-Bereich sind ein qualitativer Indikator für eine erfolgreiche Aminierung.

Die Aminierung führte, wie bereits die Carboxymethylierung, zu einer Zunahme der hydrodynamischen Partikelgröße mit Korrelation zum Zetapotential, wobei jedoch die beobachtete Abhängigkeit von der NH_3-Menge ausbleibt (siehe Abb. 42). Auch die starke Partikelgrößenzunahme bei [ECH/OH] = 80 und [NH_3/OH] = 20 ist unerwartet.

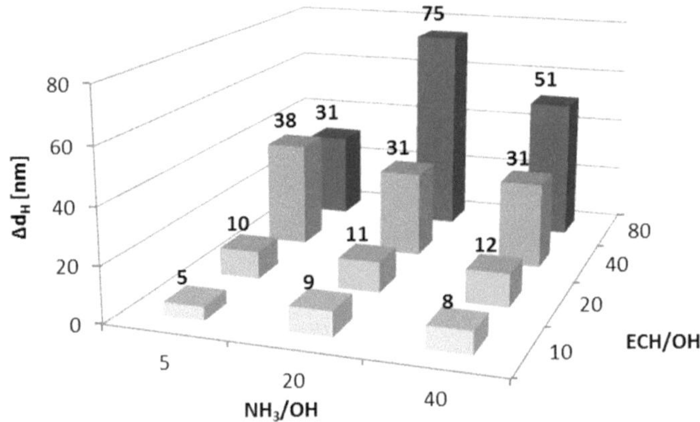

Abb. 42: Veränderung der hydrodynamischen Partikelgröße nach Aminierung in Abhängigkeit der eingesetzten Menge an Epichlorhydrin, angegeben als [ECH/OH], und Ammoniak, angegeben als [NH$_3$/OH]

Abermals wurde zur Abklärung, ob die Größenzunahme von Partikelaggregationen oder dem Aufbringen von Ladungen und somit der Bildung einer elektrischen Doppelschicht herrührt, die hydrodynamische Größe der Probe mit [ECH/OH] = 40 und [NH$_3$/OH] = 40 sowie einer nicht aminierten Referenz in Abhängigkeit des pH-Wertes analysiert (siehe Abb. 43).

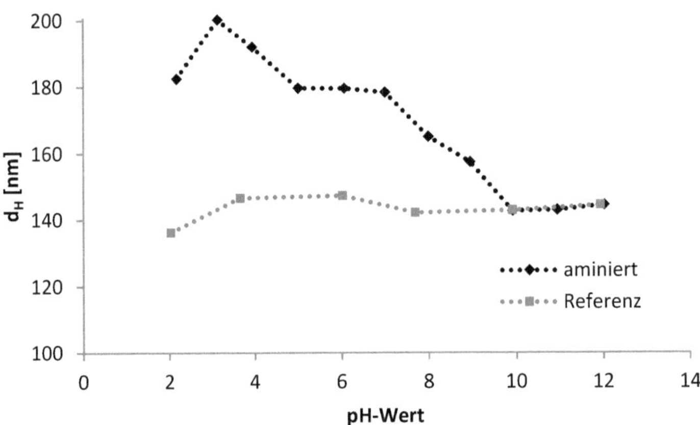

Abb. 43: Hydrodynamische Partikelgröße aminierter und unmodifizierter Partikel in Abhängigkeit des pH-Wertes

Die hydrodynamischen Größen der aminierten Partikel weisen, ebenso wie die der carboxylierten Partikel (vgl. 3.1.5.1), eine starke Abhängigkeit vom pH-Wert auf. Aufgrund der entgegengesetzten Ladung sinkt die Partikelgröße hierbei jedoch mit steigendem pH-Wert von 200 nm bei pH 3 auf die Größe der Referenz bei pH 10.

Wird der pH-Wert weiter erhöht, so bleibt die Partikelgröße unverändert, da oberhalb des ermittelten IEPs sämtliche Aminofunktionen ungeladen vorliegen und die Partikel somit idealerweise von keiner Gegenionenwolke mehr umgeben sind. Die hydrodynamische Größenzunahme nach Aminierung ist hier also ebenfalls auf die Bildung einer elektrischen Doppelschicht zurückzuführen. Im Gegensatz zu den carboxylierten Proben, bei denen die Partikelgröße aufgrund der starken Ionenstärkeerhöhung im stark basischen pH-Bereich einbricht, tritt dieser Effekt bei den aminierten Partikeln aufgrund der entgegengesetzten Ladung im stark sauren Bereich (von pH 3 zu pH 2) auf.

Zusammengefasst deuten sowohl pH-Werte und Zetapotentiale als auch die Abhängigkeit der hydrodynamischen Partikelgröße vom pH-Wert auf eine erfolgreiche Aminierung hin.

Anschließend wurde die Probe mit [ECH/OH] = 80 und [NH_3/OH] = 20, deren hydrodynamische Größe unerwartet stark zugenommen hatte (um 75 nm), auf pH 11,5 eingestellt, um die Ladung der Aminogruppen aufzuheben und somit die Gegenionenwolke zu entfernen. Darauffolgend wurde die Partikelgröße gemessen und ein mittlerer Durchmesser von 151 nm bestimmt, der etwa 10 nm über der Größe der Referenz liegt. Folglich ist die Größenzunahme bei dieser Probe nicht ausschließlich durch die gebildete elektrische Doppelschicht bedingt. Möglicherweise hat die hohe Konzentration an Epichlorhydrin dazu geführt, dass interpartikuläre Vernetzungen adsorbierter Dextranketten auftraten oder auch frei in Lösung befindliche Polymerketten vermehrt an bereits adsorbierte Ketten gekoppelt wurden und somit einen zusätzlichen Beitrag zu der Größenzunahme lieferten.

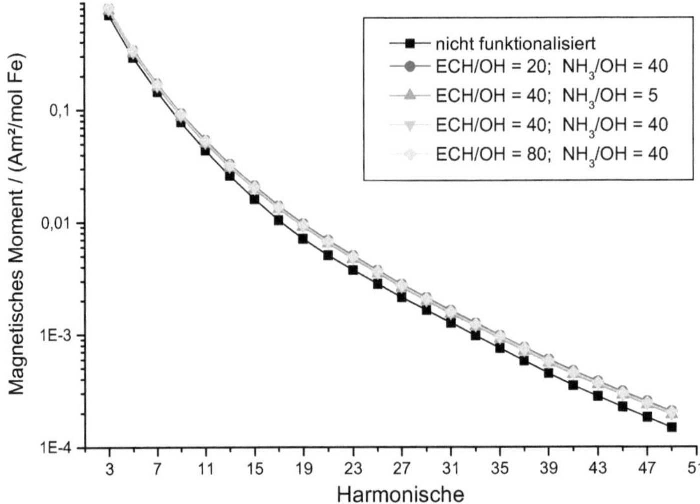

Abb. 44: MPS von funktionalisierten magnetischen Nanopartikeln aus partieller Oxidation von Eisen(II)-hydroxid und *Green Rust* in Abhängigkeit der Aminierungsparameter im Vergleich zu nicht modifizierten Partikeln

Wie bei der Carboxymethylierung wurde auch hier der Einfluss der Funktionalisierungsreaktion auf die MPS-Performance untersucht, indem die MPS ausgewählter Proben aufgenommen wurden. Hierfür wurden Partikel, welche Zetapotentiale von 6 mV ([ECH/OH = 20; [NH$_3$/OH] = 40), 16 mV ([ECH/OH = 40; [NH$_3$/OH] = 5), 28 mV ([ECH/OH = 40; [NH$_3$/OH] = 40) bzw. 30 mV ([ECH/OH = 80; [NH$_3$/OH] = 40) aufwiesen, ausgewählt. Die entsprechenden Spektren sind in Abb. 44 dargestellt und zeigen ein identisches Verhalten wie zuvor die carboxymethylierten Partikel. Die Performance der aminierten Proben ist gänzlich unabhängig von den Aminierungsparametern und die Amplituden der Harmonischen sind geringfügig stärker als diejenigen nicht funktionalisierter Nanopartikel.

Zusammengefasst konnten die Dextran-gecoateten Eisenoxidnanopartikel erfolgreich funktionalisiert werden. Dabei wurden sowohl negative Carboxylgruppen als auch positive Aminogruppen in die Polymerketten eingeführt. Zum Nachweis einer möglichen Biokonjugation wurden die carboxymethylierten Partikel erfolgreich mit NeutrAvidin konjugiert, wodurch die spezifische Bindung an Biotin-beschichtete Mikrotiterplatten ermöglicht wurde. Durch Einstellen der Konzentration der Funktionalisierungsreagenzien konnte das anfangs neutrale Zetapotential variabel zwischen -24 mV und +30 mV variiert werden. Die Funktionalisierung führte dabei zu keiner Verschlechterung der MPS-Performance. Abschließend gilt jedoch zu bedenken, dass die nachfolgende Biokonjugation großer Moleküle zu einer Einschränkung der Brownschen Rotation und somit zu einer Abnahme der MPS-Performance, durch verlangsamte Relaxationsprozesse, führen könnte.

3.1.6 Zellmarkierung

Wie bereits unter Kapitel 2.5 erläutert, wurde gezeigt, dass eine geladene Oberfläche zu einer erhöhten Partikelinkorporation in Stammzellen führt.[124] Somit offenbart die Funktionalisierung mit geladenen Oberflächengruppen neben einer möglichen Biokonjugation den potentiellen Einsatz dieser Partikel zur Zellmarkierung. Um zu untersuchen, ob die Aminierung bzw. Carboxy-methylierung tatsächlich zur einer verbesserten Markierung führt, wurden ausgewählte Partikel für 24 Stunden mit mesenchymalen Stammzellen (MSCs) auf Objektträgern inkubiert und adsorbierte bzw. inkorporierte Partikel anschließend durch Berliner Blau-Färbung kontrastiert. Die ausführliche Durchführung ist im Anhang unter 5.1.5 zu finden.

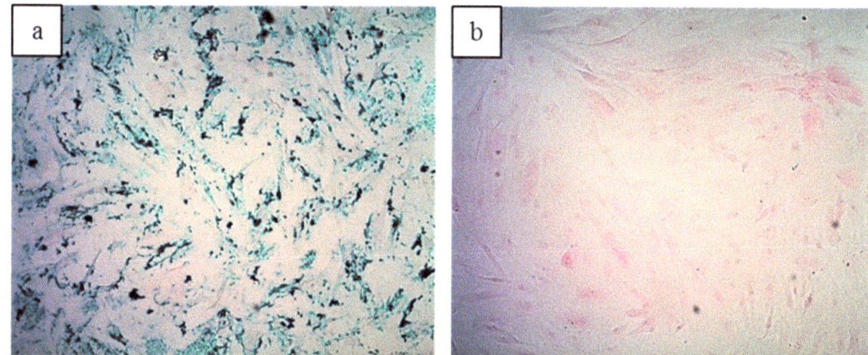

Abb. 45: Lichtmikroskopische Aufnahmen von MSCs nach Inkubation mit FeraSpin R (a) und 300 mM Mannitollösung (b) und darauffolgender Berliner Blau-Färbung der adsorbierten und inkorporierten Partikel

Abb. 45 zeigt lichtmikroskopische Aufnahmen der MSCs nach Inkubation mit FeraSpin R (a) und einer isoosmolaren Mannitollösung (b). Diese Proben dienen als Referenz. Während bei Inkubation mit einer Mannitollösung konsequenterweise keine Blaufärbung auftritt, sind bei der Inkubation mit FeraSpin R (Zetapotential = -33 mV) deutliche Partikelansammlungen sichtbar. Die MSCs wurden somit erfolgreich mit FeraSpin R markiert. Eine Differenzierung von adsorbierten und inkorporierten Partikeln ist jedoch, insbesondere wenn sich die Partikel in unmittelbarer Nähe zur Zellmembran befinden, kaum möglich. Wird davon ausgegangen, dass adsorbierte Partikel stark genug gebunden sind, sodass auch *in vivo* keine Desorption stattfindet, so ist eine Differenzierung für das *cell tracking* ohnehin nicht notwendig. Weiterhin deutet die inhomogene Verteilung inkorporierter Partikel, in Übereinstimmung mit Arbeiten von *Villanueva et al.*,[174] auf eine Vesikelbildung und folglich eine Partikelaufnahme durch Endozytose hin. Größere Partikelansammlungen sind hingegen wahrscheinlich extrazellulär vorliegende Aggregate.

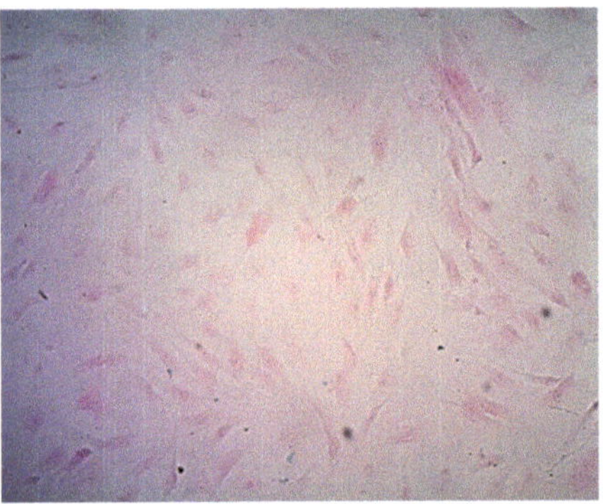

Abb. 46: Lichtmikroskopische Aufnahmen von MSCs nach Inkubation mit Dextran-ummantelten Eisenoxidnanopartikeln aus partieller Oxidation von Eisen(II)-hydroxid und *Green Rust* und darauffolgender Berliner Blau-Färbung der adsorbierten und inkorporierten Partikel

Nachfolgend wurden die Dextran-ummantelten und somit ungeladenen Partikel, welche ein Zetapotential von etwa 2 mV aufweisen, mit MSCs inkubiert (siehe Abb. 46). Hierbei ist keine Blaufärbung erkennbar. Es wurden folglich keine Eisenoxidpartikel adsorbiert oder inkorporiert. Dies ist auf die nichtionische Partikeloberfläche zurückzuführen, welche eine Wechselwirkung mit der negativ geladenen Zellmembran erschwert.[175]

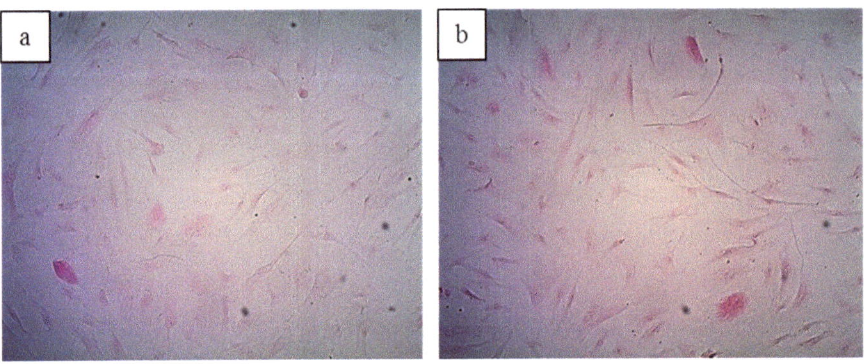

Abb. 47: Lichtmikroskopische Aufnahmen von MSCs nach Inkubation mit leicht negativen (a) und stark negativen (b) carboxymethylierten Partikeln und darauffolgender Berliner Blau-Färbung der adsorbierten und inkorporierten Partikel

Abb. 47 zeigt MSCs nach Inkubation mit verschieden stark carboxymethylierten Partikeln mit einem Zetapotential von -12 mV (a) bzw. -24 mV (b). Hierbei tritt ebenfalls keine Blaufärbung auf, welche auf eine erfolgreiche Zellmarkierung hindeuten würde. Folglich ist ein durch Carboxylgruppen bedingtes negatives Zetapotential allein kein Garant für eine erfolgreiche Markierung.

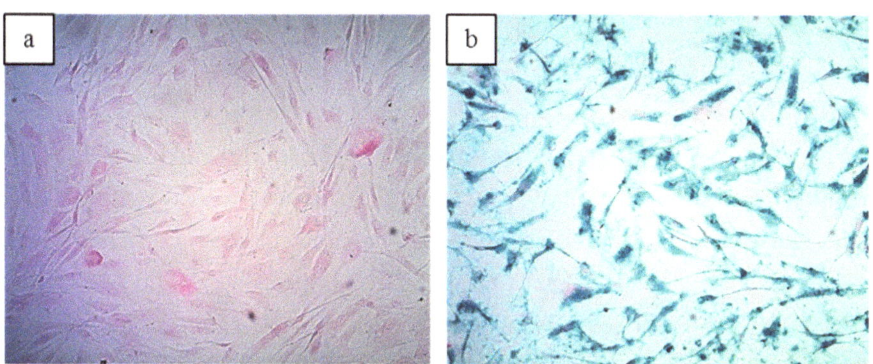

Abb. 48: Lichtmikroskopische Aufnahmen von MSCs nach Inkubation mit leicht positiven (a) und stark positiven (b) aminierten Partikeln und darauffolgender Berliner Blau-Färbung der adsorbierten und inkorporierten Partikel

Abschließend zeigt Abb. 48 MSCs nach Inkubation mit verschieden stark aminierten Partikeln mit einem Zetapotential von 16 mV (a) bzw. 28 mV (b). Hierbei weisen die Partikel mit leicht positiver Oberfläche abermals keine Aufnahme von Eisenoxidpartikeln auf. Aminierte Partikel mit einem ZP von 28 mV zeigen hingegen eine starke Blaufärbung. In den meisten Fällen sind die Zellen vollständig blau eingefärbt. Im Gegensatz zur FeraSpin R-Referenz sind diese jedoch homogen verteilt, liegen also nicht in Vesikeln vor. Dies deutet darauf hin, dass die Partikel nicht kompartimentiert im Zellinneren vorliegen, sondern homogen an der äußeren Zellmembran adsorbiert sind, was durch elektrostatische Wechselwirkungen der positiv geladenen Partikel mit der negativ geladenen Zellmembran erklärt werden kann. Dabei ist zu erwarten, dass leicht positiv geladene Partikel ebenfalls mit der Zellmembran elektrostatisch wechselwirken. Offensichtlich sind die Kräfte dabei jedoch zu schwach, um ein Abwaschen der Partikel vor dem Färbeprozess zu verhindern. Weiterhin ist nahezu im gesamten interzellulären Raum der stark aminierten Partikel eine diffuse Blaufärbung erkennbar. Diese stammt von Partikeln, welche offenbar am Objektträger haften, wodurch sie bei den Waschschritten vor der Färbung nicht abgetrennt wurden.

Zusammenfassend konnten MSCs durch Inkubation mit stark aminierten Dextran-stabilisierten Partikeln mit hoher Effizienz markiert werden und ermöglichen somit den potentiellen Einsatz dieser Partikel im *stem cell tracking*. In Übereinstimmung mit der Literatur wurden dabei positiv geladene Partikel besser von nicht phagozytierenden Zellen aufgenommen als negativ geladene oder ungeladene Partikel.[176]

3.1.7 Zytotoxizität

Nachfolgend wurde mithilfe des MTT-Assays die Zytotoxizität ausgewählter Partikel an MSCs als auch an HaCaT-Zellen untersucht. Dieser Test beruht auf der Aufnahme des gelben Tetrazoliumsalzes MTT (3-(4,5-dimethylthiazol-2-yl)-2,5-diphenyl-2H-tetra-zoliumbromid) durch stoffwechselaktive Zellen und dessen Umsetzung zu einem stark blauvioletten, wasserunlöslichen Formazan-farbstoff durch mitochondriale und zytoplasmatische Dehydrogenasen.[177] Die Aktivität bzw. Viabilität der Zellen korreliert dabei mit der Formazankonzentration, welche photometrisch bestimmt wird. Die ausführliche Durchführung des Assays ist im Anhang unter 5.1.6 zu finden.

Für die Bestimmung der Zytotoxizität an MSCs wurden diese für vier Stunden mit Partikeln bei drei verschiedenen Eisenkonzentrationen (0,9 mM Fe; 1,8 mM Fe und 6,0 mM Fe) inkubiert und anschließend die Zellviabilität bestimmt. Hierfür wurden ausschließlich die nicht funktionalisierten Dextran-stabilisierten Partikel als Testsubstanz eingesetzt.

Als Anhaltspunkt für die Auswahl der Inkubationskonzentrationen, diente die Herstellerangabe des Kontrastmittels Resovist. Verteilt sich eine reguläre Einzeldosis dieses Kontrastmittels (1,4 mL mit 500 mM Fe[159]) im Blutkreislauf eines adulten Menschen (Blutvolumen ~5 L), so wird diese auf eine Konzentration von 0,14 mM Fe verdünnt. Die hier untersuchten Inkubationskonzentrationen liegen also deutlich oberhalb dieses Wertes und dennoch werden mittlere Zellviabilitäten von 101 % bei 0,9 mM, 88 % bei 1,8 mM und 78 % bei 6,0 mM erreicht (siehe Abb. 49). Da Substanzen häufig als biokompatibel bewertet werden, wenn deren Zellviabilität oberhalb von 80 % liegt,[178, 179] zeigt ausschließlich die höchste untersuchte Konzentration eine sehr leichte Zytotoxizität an MSCs.

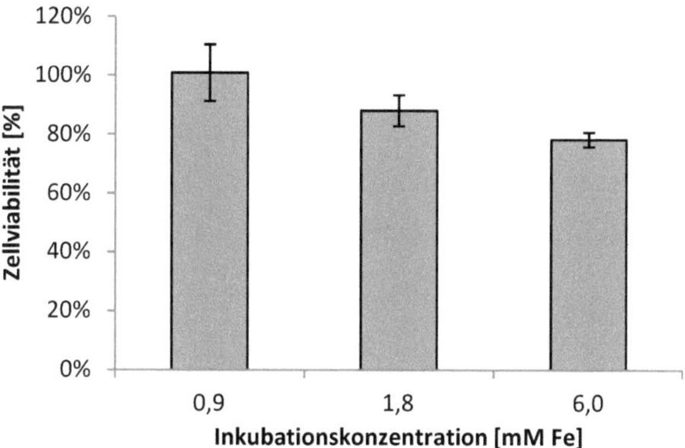

Abb. 49: Aus dem MTT-Assay ermittelte Zellviabilität von MSCs nach vier stündiger Inkubation mit Dextran-stabilisierten Eisenoxidnanopartikeln.

Anschließend wurde die Zytotoxizität an HaCaT-Zellen untersucht. Hierbei handelt es sich um eine spontan immortalisierte Zelllinie humaner, nicht maligner Keratinozyten (hauptsächlich vorkommender Zelltyp der Epidermis), welche 1988 aus der gesunden oberen Rückenhaut eines 62-jährigen männlichen Patienten gewonnen wurde.[180] Aufgrund der hohen Immortalität (>140 Passagen) findet diese Zelllinie breite Verwendung in der Biochemie. Für die Bestimmung der Zytotoxizität wurden HaCaT-Zellen für 72 Stunden mit Partikeln bei fünf verschiedenen Eisenkonzentrationen zwischen 8 µM und 2 mM inkubiert und anschließend die Zellviabilität bestimmt (siehe Abb. 50). Neben den nicht funktionalisierten Partikeln wurden hier zusätzlich die stark aminierten (ZP = 28 mV) als auch die stark carboxymethlylierten Partikel (ZP = -24 mV), welche bereits für die Zellmarkierung eingesetzt wurden, als Testsubstanzen ausgewählt.

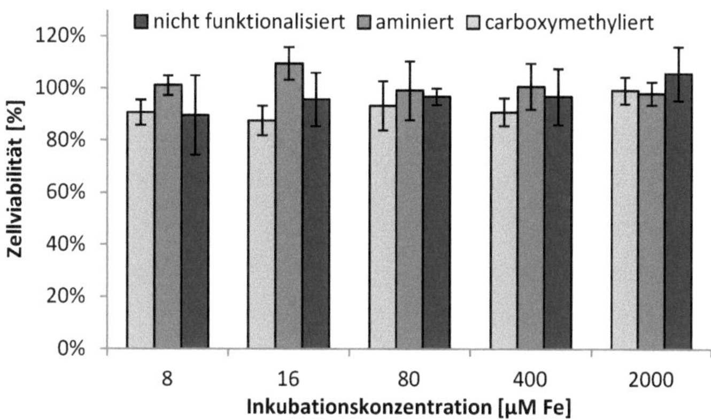

Abb. 50: Aus dem MTT-Assay ermittelte Zellviabilität von HaCaT-Zellen nach 72 stündiger Inkubation mit nicht funktionalisierten und funktionalisierten Eisenoxidnanopartikeln.

Auch in diesem Versuch liegen sämtliche Zellviabilitäten über 80 %, wobei keine Abnahme der Aktivität mit zunehmender Inkubationskonzentration zu erkennen ist. Weiterhin ist kein Einfluss der Oberflächenmodifizierung auf die Zellviabilität festzustellen. Somit sind die Proben bei den gewählten Eisenkonzentrationen als nicht zytotoxisch gegenüber HaCaT-Zellen einzuordnen.

Zusammengefasst bilden die ermittelten atoxischen Eigenschaften der Partikel gegenüber verschiedener Zelllinien die Grundlage für den anschließenden initialen *in vivo*-Versuch.

3.1.8 *In vivo*-Versuch mit MR-Bildgebung

Nachdem die Syntheseparameter weiter optimiert und geeignete Methoden zur Partikelformulierung und -sterilisierung entwickelt wurden, sowie in ersten *in vitro*-Zellversuchen nachgewiesen wurde, dass die Partikel nicht toxisch sind, konnte nachfolgend ein initialer *in vivo*-Versuch am gesunden Tier (Maus) mit anschließender MR-Bildgebung durchgeführt werden. Dieser Versuch dient der Bewertung der Biokompatibilität und der MR-Kontrasteigenschaften der eingesetzten Nanopartikel. Für den Versuch wurden nicht modifizierte Dextran-stabilisierte Partikel mit einer hydrodynamischen Größe von 139 nm ausgewählt. Diese Partikel wurden bereits für die Funktionalisierungs-, die Zellmarkierungs- als auch die Zytotoxizitätsuntersuchungen eingesetzt. Für den *in vivo*-Versuch wurden die Partikel mit Mannitol formuliert, die physiologisch relevanten Parameter analysiert (pH-Wert: 5,9; Osmolalität: 294 mosmol/kg) und die Partikelsuspension anschließend autoklaviert. Die detaillierte Durchführung ist im Anhang unter 5.1.7 zu finden.

Für die MR-Untersuchung wurde eine FLASH (Fast Low Angle Shot)-Sequenz genutzt. Diese zeichnet sich durch einen kleinen Flipwinkel aus, wodurch die Zeit zwischen zwei aufeinanderfolgenden Messungen, die sogenannte Repetitionszeit TR, ohne starken Signalverlust deutlich herabgesetzt werden kann. Zugleich ist auch die Zeit zwischen RF-Impuls und Signalauslesung, die sogenannte Echozeit TE, gering, wodurch diese Pulssequenz eine geringe Gesamtaufnahmedauer aufweist. Weitere Details zur Sequenz sind im Anhang unter 5.2.11 zu finden. Die eingesetzte Dosis betrug 20 µmol Fe/kg Körpergewicht.

Da aufgrund der Partikelgröße eine vergleichsweise kurze Bluthalbwertszeit bzw. eine schnelle Akkumulation in der Leber zu erwarten ist[9], und zudem ein vergleichsweise langes Zeitfenster zwischen Applikation und Messung lag (t = 35 min), wurde das FOV ausschließlich auf die Leberregion fokussiert.

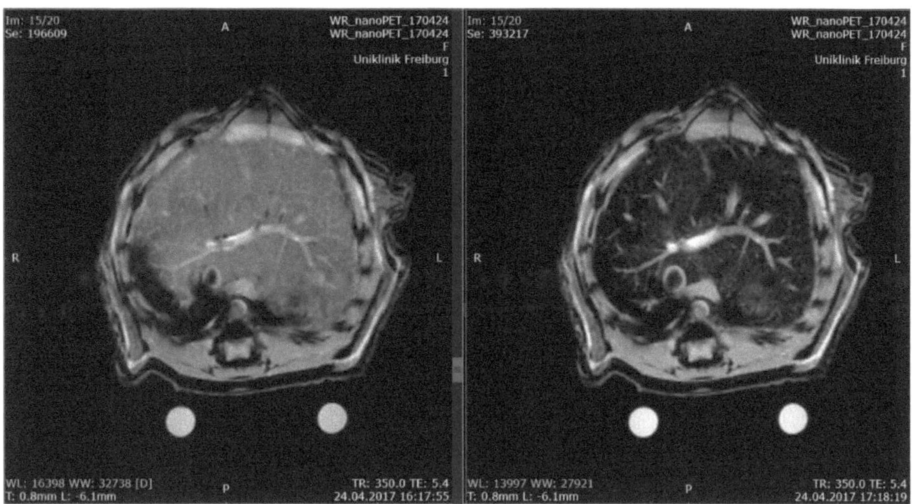

Abb. 51: MR-Bildgebung der Leber einer Maus vor (links) und 35 min nach (rechts) intravenöser Applikation von Dextran-stabilisierten Eisenoxidnanopartikeln (20 µmol Fe/kg Körpergewicht). Darstellung in axialer Schichtorientierung bei einer T_2^*-gewichteten FLASH-Sequenz.

Abb. 51 zeigt beispielhaft MR-Aufnahmen der Leber in axialer Schichtorientierung vor und nach Eisenoxidnanopartikel-Injektion. Während die Leber vor Kontrastmittelgabe (links) noch relativ hell erscheint, führte die Akkumulation der Partikel im Lebergewebe zu einer deutlichen Signalauslöschung (rechts). Hierbei deutet die gleichmäßige Herabsetzung der Signalintensität auf eine homogene Verteilung der Partikel im Lebergewebe hin. Gleichzeitig ist die Bloodpool-Phase, also die Zeit, in der die Partikel im intravaskulären Raum verteilt sind, offenbar abgeschlossen, da die Blutgefäße unverändert hell dargestellt sind und sich somit sehr gut vom umgebenden Gewebe abheben.

Abb. 52 zeigt weitere MR-Aufnahmen tieferliegender Schichten, welche verdeutlichen, dass die Kontrastmittel-induzierte Signalauslöschung zudem die Abgrenzung der Leber (mit Pfeil markiert) vom umliegenden Gewebe deutlich vereinfacht.

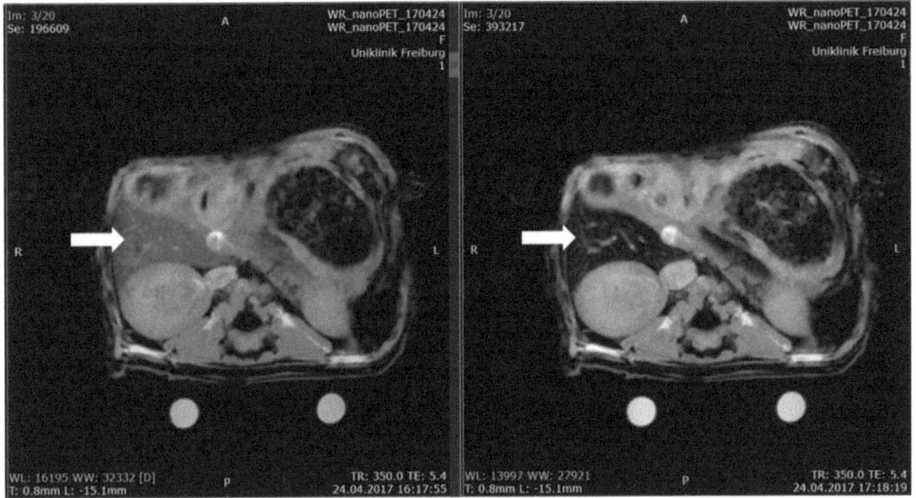

Abb. 52: MR-Bildgebung des Abdomens einer Maus vor (links) und 35 min nach (rechts) intravenöser Applikation von Dextran-stabilisierten Eisenoxidnanopartikeln (20 µmol Fe/kg Körpergewicht). Darstellung in axialer Schichtorientierung bei einer T_2*-gewichteten FLASH-Sequenz.

Zusammengefasst bestätigen die MR-Aufnahmen die, aus den R_2-Relaxivitäten erwarteten, guten Kontrasteigenschaften. Zudem zeigte das Versuchstier keine Anzeichen einer akuten Intoxikation und belegt somit die Biokompatibilität der synthetisierten Partikel. Somit steht auch der *in vivo*-Anwendung dieser Partikel als Tracer im MPI nichts mehr im Wege.

3.1.9 Aufklärung der Struktur-Wirkungs-Beziehung

Nachdem nun in Vorbereitung auf eine biomedizinische Anwendung geeignete Methoden zur Partikelformulierung sowie -sterilisierung etabliert wurden, die Partikel sowohl aminiert als auch carboxymethyliert wurden und die Markierung von MSCs sowie die Zytotoxizität untersucht wurden, wurde abschließend nochmals ein Fokus auf die magnetischen Eigenschaften der Partikel gelegt. Denn bei der Synthese durch partielle Oxidation von gefälltem Eisen(II)-hydroxid und *Green Rust* ist auffällig, dass Partikel, welche in grundlegenden physikochemischen und morphologischen Analysen sehr ähnlich sind, teilweise sehr verschiedene MPS-Effektivitäten sowie R_2-Relaxivitäten aufweisen und sich folglich in ihren magnetischen Eigenschaften stark unterschieden müssen. Dabei wurde unter 3.1.1 bereits gezeigt, dass diese Unterschiede zumindest teilweise durch die Bildung einer nicht magnetischen Eisenoxidphase zu erklären sind.

Um weitere mögliche Gründe für die abweichenden Performances zu finden, wurden in diesem Kapitel zwei repräsentative Partikelproben ausgewählt und einer tiefergehenden magnetischen Charakterisierung unterzogen. Dabei wurde eine Probe auf der Basis früherer Erkenntnisse[13] magnetisch fraktioniert, wodurch die MPS- und MR-Performance nochmals deutlich gesteigert werden konnte, ohne die strukturelle Ähnlichkeit zu nicht fraktionierten Partikelsuspensionen zu verlieren.

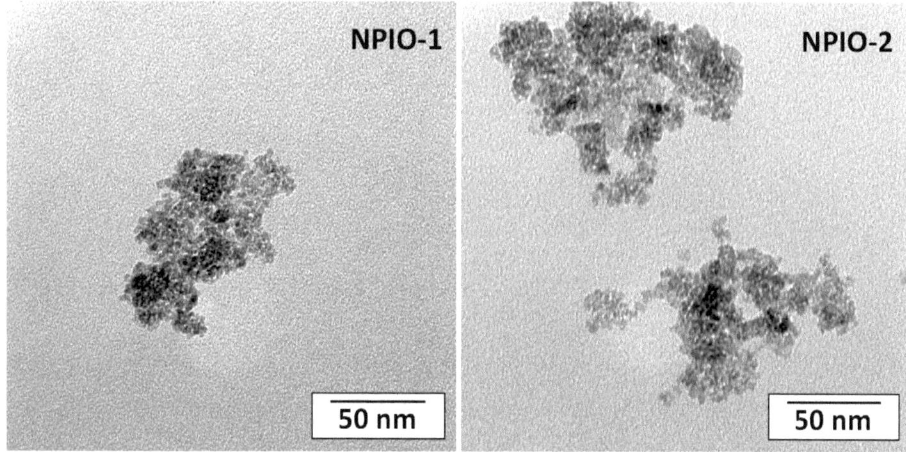

Abb. 53: TEM-Aufnahmen zwei strukturell ähnlicher Partikelsysteme aus der partiellen Oxidation von Eisen(II)-hydroxid und *Green Rust*

Die ausgewählten Partikelproben werden als NPIO-1 und NPIO-2 bezeichnet. Beide Proben enthalten strukturell nicht zu unterscheidende Multikernpartikel, welche aus etwa 5 nm großen Kristalliten aufgebaut sind (siehe Abb. 53). Auch die hydrodynamischen Größen beider Partikelsysteme liegen mit 147 nm und 178 nm in einem ähnlichen Bereich. Dennoch unterscheiden sich die MPS-Performances sehr deutlich (siehe Abb. 54). Bereits die Amplitude der dritten Harmonischen von NPIO-1 übertrifft diejenige von NPIO-2 um einen Faktor von 2,7. Aufgrund des flacheren Harmonischenabfalls ist das Signal von NPIO-1 im höheren Frequenzbereich bis zu 8-fach stärker als das Signal von NPIO-2. Auch die Ermittlung der transversalen Relaxivitäten liefert mit R_2 = 300 L/mmol·s für NPIO-1 eine deutlich bessere MR-Performance verglichen mit 206 L/mmol·s für NPIO-2.

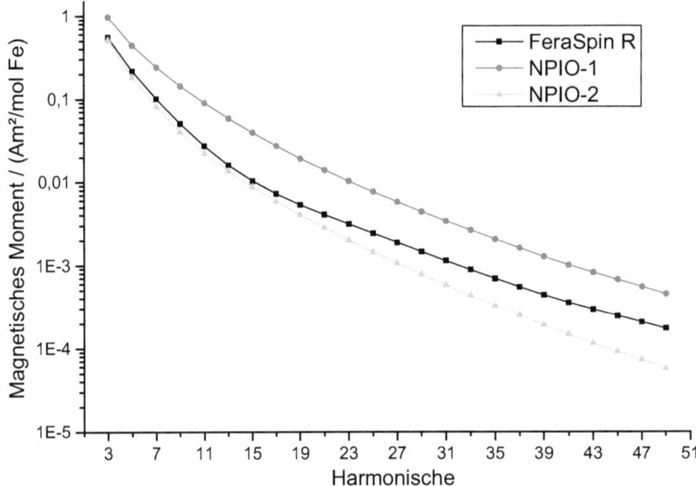

Abb. 54: MPS von NPIO-1 und NPIO-2 im Vergleich zu FeraSpin R aufgenommen bei 25 mT

Die detaillierte Charakterisierung dieser Partikelsysteme erfolgte durch zusätzliche Aufnahme von MPS-Spektren im immobilisierten Zustand sowie die Aufnahme von frequenzabhängigen MPS bei 1 – 100 kHz. Weiterhin wurde die statische Magnetisierungskurve aufgenommen sowie die Magnetrelaxation und die Wechselfeldsuszeptibilität untersucht.

Abb. 55 zeigt die normierten MPS-Spektren von NPIO-1 (oben) und NPIO-2 (unten), aufgenommen bei Anregungsfrequenzen von 10 kHz, 25 kHz und 100 kHz im suspendierten und im immobilisierten Zustand. Hierbei steigt der Harmonischenabfall beider Proben mit zunehmender Frequenz. Dies deutet auf eine breite Verteilung Brownscher Zeitkonstanten respektive hydrodynamischer Partikelgrößen hin, da mit zunehmender Frequenz des Anregungsfeldes der Anteil an größeren Partikeln, welche dem Feld nicht mehr folgen können und somit nicht mehr zum MPS-Signal beitragen, steigt. Da die Performance beider Proben mit zunehmender Frequenz in etwa ähnlich stark abfällt, deutet dies auf ähnliche hydrodynamische Partikelgrößenverteilungen hin.

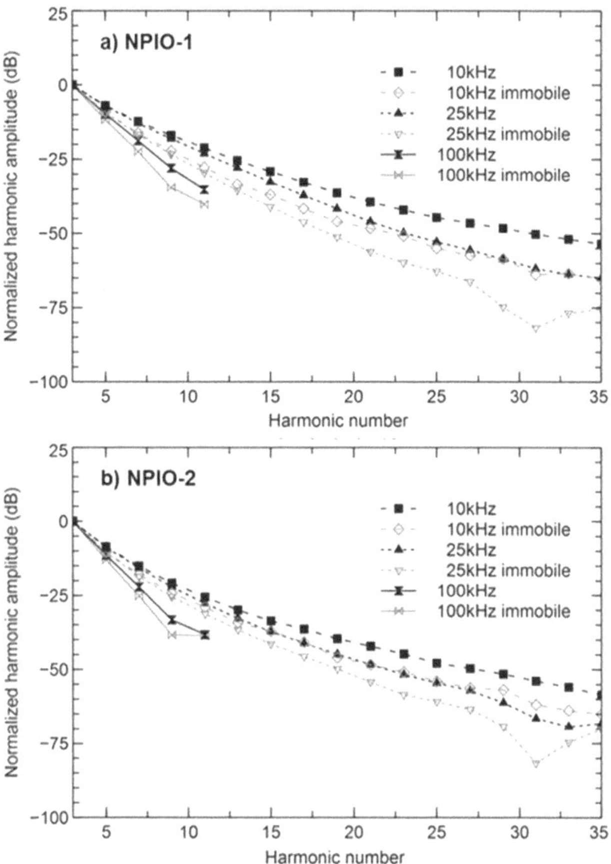

Abb. 55: MPS von NPIO-1 (a) und NPIO-2 (b) in Suspension (schwarz) und im immobilisierten Zustand (grau) aufgenommen bei 25 mT und Frequenzen von 10, 25 und 100 kHz. Alle Spektren wurden auf die Amplitude der dritten Harmonischen normiert.

Die Aufnahme der Spektren an gefriergetrockneten Proben zeigt, dass die Immobilisierung zu deutlich geringeren Amplituden (hier aufgrund der Normierung nicht erkennbar) und einem steileren Harmonischenabfall führt. Dies liegt an der Unterdrückung Brownscher Rotation im immobiliserten Zustand, wodurch die magnetische Relaxation ausschließlich über den Néel-Mechanismus erfolgen kann. Hierbei weist NPIO-2 einen geringeren Unterschied zwischen suspendiertem und immobilisiertem Zustand auf. Dies deutet darauf hin, dass ein größerer Anteil der magnetischen Momente der Partikel aus NPIO-2 auch im suspendierten Zustand über den Néel-Mechanismus relaxiert.

Anschließend wurden die Partikel mittels Magnetrelaxometrie (MRX) im suspendierten als auch im immobilisierten Zustand untersucht. Hierbei werden die magnetischen Momente der Partikel durch ein statisches Magnetfeld ausgerichtet und nach Abschalten des externen Feldes der zeitliche Verlust der Magnetisierung beobachtet. Dadurch können Rückschlüsse auf das Relaxationsverhalten der Nanopartikel getroffen werden. Mithilfe geeigneter Modelle können zudem effektive magnetische Kerngrößen sowie hydrodynamische Größen berechnet werden. Abb. 56 zeigt die MRX-Kurven im suspendierten (links) und im immobilisierten Zustand (rechts) normalisiert auf die Signalintensität bevor das Magnetfeld abgeschaltet wurde.

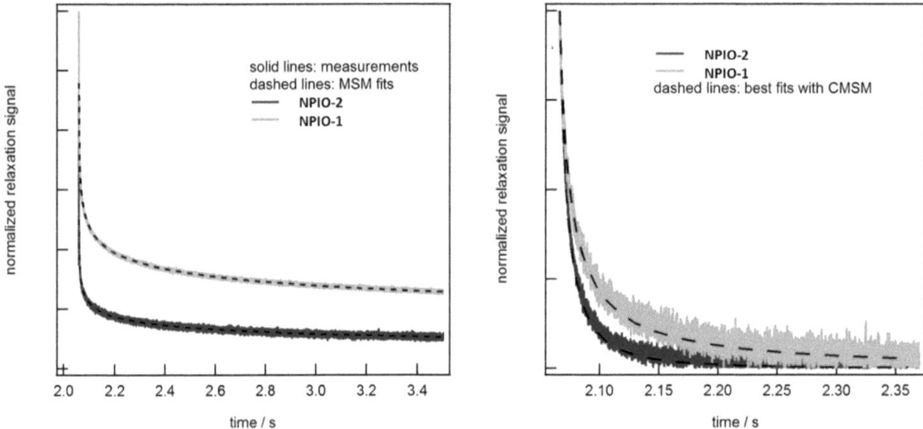

Abb. 56: MRX-Kurven suspendierter (links) und immobilisierter (rechts) Proben NPIO-1 und NPIO-2.

Die Daten der immobilisierten Proben wurden mit dem magnetischen Momenten-Superpositions-Modell (MSM) unter Annahme einer Sättigungsmagnetisierung von 480 kA/m (*bulk*-Magnetit) gefittet. Dieses Modell beschreibt den Néelschen Relaxationsprozess eines Ensembles von magnetischen Nanopartikeln unter Berücksichtigung der Größenverteilung der Kernvolumen.[181] Unter Annahme sphärischer, nicht-wechselwirkender Partikel kann mithilfe des MSM eine log-normale Kerngrößenverteilung ermittelt werden. Die entsprechenden Fits für NPIO-1 und NPIO-2 ergaben mittlere Kerndurchmesser von 13,6 nm und 8,4 nm. Die Größen sind effektive magnetische Kerngrößen, welche aus den jeweiligen Anisotropiekonstanten resultieren. Sie beschreiben somit, dass sich die Multikernpartikel magnetisch wie entsprechend große sphärische Einkernteilchen verhalten. Unter Berücksichtigung der Kernparameter aus dem MSM können mithilfe des Cluster-Momenten-Superpositions-modells (CMSM), einer Erweiterung des MSMs, aus den MRX-Kurven suspendierter Systeme log-normale hydrodynamische Größenverteilungen gefittet werden.[182] Für NPIO-1 und NPIO-2 wurden somit Mediane von 178 nm und 166 nm errechnet, welche in guter Übereinstimmung mit den DLS-Daten sind.

Weiterhin erfolgte die Untersuchung der komplexen Wechselfeldsuszeptibilität (ACS). Bei dieser wird die Magnetisierungsantwort magnetischer Nanopartikel gegenüber magnetischer Wechselfelder kleiner Amplituden über einen großen Frequenzbereich beobachtet. Die Antwort wird dabei in einen Realteil (in Phase zum Anregungsfeld) und einen Imaginärteil (um 90° verschoben zum Anregungsfeld) unterteilt und ermöglicht Aussagen über die Frequenzabhängigkeit der Partikeldynamik.[183]

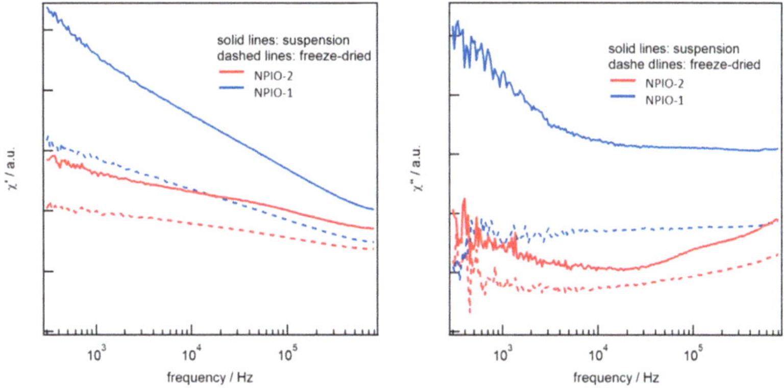

Abb. 57: Real- (links) und Imaginärteil (rechts) der Wechselfeldsuszeptibilität von NPIO-1 und NPIO-2 im suspendierten und immobilisierten Zustand

Der Realteil χ' der AC-Suszeptibilität der suspendierten Proben von NPIO-1 und NPIO-2 steigt kontinuierlich mit abnehmender Frequenz (Abb. 57 links). Folglich ist die statische Suszeptibilität χ_0, welche sich durch ein Plateau darstellen würde, bei der geringsten untersuchten Frequenz von 300 Hz noch nicht erreicht und die magnetischen Momente beider Systeme können dem Anregungsfeld selbst bei dieser geringen Frequenz nicht vollständig folgen. Dies ist auf eine breite Verteilung Brownscher Zeitkonstanten in beiden Systemen zurückzuführen und erklärt somit die oben gezeigte Zunahme des Harmonischenabfalls mit steigender Frequenz.

Anschließend wurde die statische Magnetisierung gemessen (Abb. 58 Inset) und daraus die effektive magnetische Kerngrößenverteilung, unter Annahme einer bimodalen Größenverteilung nicht-wechselwirkender sphärischer Eindomänenpartikel, berechnet (Abb. 58). Hierbei beginnt die Nichtlinearität der Magnetisierungskurve von NPIO-1, welche die Grundvoraussetzung für die Generierung des MPS-Signals ist, bei geringeren Feldstärken und erklärt somit die bessere MPS-Performance gegenüber NPIO-2. Dabei muss jedoch beachtet werden, dass diese Methode ausschließlich die quasistatischen magnetischen Eigenschaften ermittelt, wohingegen die MPS-Performance auch stark von den dynamischen Eigenschaften bestimmt wird.

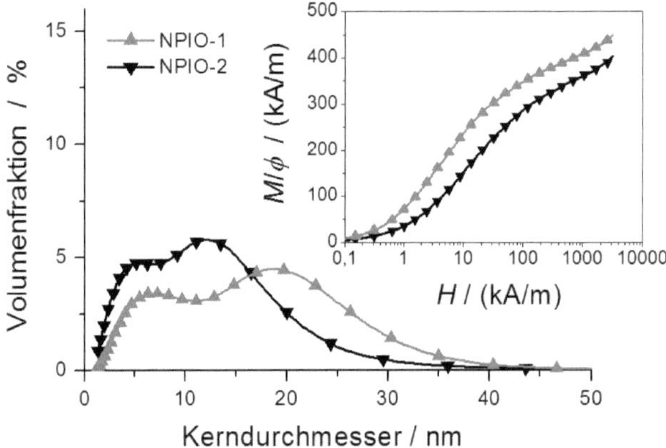

Abb. 58: Effektive magnetische Kerngrößenverteilung von NPIO-1 und NPIO-2 berechnet aus den entsprechenden Magnetisierungskurven (Inset)

Studien zeigten, dass Multikernpartikel eine heterogene Magnetisierung aufweisen können, welche durch die bimodale magnetische Kerngrößen-verteilung gut beschrieben werden kann. Dies gilt selbst für Suspensionen von Partikelaggregaten mit enger Größenverteilung, wobei die kleinere Mode anscheinend von einzelnen Kristalliten innerhalb eines Aggregates herrührt, während die größere von den Aggregaten, die sich magnetisch wie entsprechend große Einkristalle verhalten, stammt. Dabei zeigte sich, das die MPS-Performance hauptsächlich von der größeren Mode bestimmt wird.[56, 184] Die hier untersuchten Partikel scheinen ebenfalls solch ein Verhalten zu zeigen, da für NPIO-1 und NPIO-2 kleine Moden von 5,5 nm bzw. 7,0 nm ermittelt wurden, obwohl auf den TEM-Aufnahmen keine solch kleinen Partikel oder Aggregate gesichtet werden konnten. Die größere Mode weist bei beiden Proben einen vergleichbaren Anteil von 50 % bzw. 40 % auf, während die mittlere Größe der Mode von NPIO-1 mit 19 nm größer ist als diejenige von NPIO-2 mit 13 nm. Daraus resultiert, dass das magnetische Moment von NPIO-1 etwa dreimal größer ist als dasjenige von NPIO-2, was in Summe gut mit der etwa dreifach höheren Amplitude der dritten Harmonischen korreliert.

Zusammenfassend wurden für NPIO-1 und NPIO-2 neben der strukturellen Ähnlichkeit in der DLS und der TEM ebenso vergleichbare hydrodynamische Partikelgrößen-verteilungen aus MRX- und ACS-Messungen an suspendierten Proben ermittelt. MRX-Messungen an immobilisierten Proben sowie die Messung der statischen Magnetisierung ergaben zudem, dass die Eisenoxidkristallite innerhalb der Partikelaggregate magnetisch wechselwirken, sodass sie sich magnetisch wie entsprechend große Einkristalle verhalten. Dabei scheinen jedoch die Wechselwirkungen in NPIO-1 stärker ausgeprägt zu sein, da der effektive magnetische Kerndurchmesser größer ist als derjenige von NPIO-2, woraus die bessere MPS- und MR-Performance der Erstgenannten resultiert.

3.2 Diffusionkontrollierte Kopräzipitation im Gel

Im zweiten Teil der Arbeit erfolgte die Synthese von Eisenoxidnanopartikeln durch Kopräzipitation innerhalb eines Hydrogels. Dabei wurde der Syntheseablauf in Anlehnung an *Prozorov et al.* so gewählt, dass zunächst ein Hydrogel, welches bereits einen Reaktanden enthält, angesetzt wird, welches dann mit dem jeweils anderen Reaktanden überschichtet wird.[15] Dies kann im Falle der Kopräzipitation theoretisch über zwei Wege realisiert werden. Entweder wird ein Eisenionen-haltiges Gel angefertigt und mit Base überschichtet, welche dann langsam in das Gel diffundiert, oder es wird ein NaOH-haltiges Gel angefertigt, welches mit einer Fe^{2+}/Fe^{3+}-Lösung überschichtet wird. In der vorliegenden Arbeit wurde der erste Weg gewählt, da die Eisenionen hierbei keinen direkten Kontakt zum Luftsauerstoff haben, wodurch die Oxidation von Fe^{2+}-Ionen möglichst unterbunden werden sollte. Entgegen den Erfahrungen von *Prozorov et al.* war hierbei die direkte Anfertigung eines Eisenionen-haltigen Agarosegels aus $FeCl_3 \cdot 6\ H_2O$ und $FeCl_2 \cdot 4\ H_2O$ aufgrund ausbleibender Gelierung nicht möglich.[15] Dies liegt wahrscheinlich an der Tatsache, dass die beiden Eisensalze in Lösung moderat bis stark sauer reagieren.[185, 186] Dadurch kann bei dem anschließenden Erhitzungsprozess zum Lösen der Agarose eine saure Hydrolyse dieser stattfinden,[187] die zum Abbau der Polysaccharidketten führt.

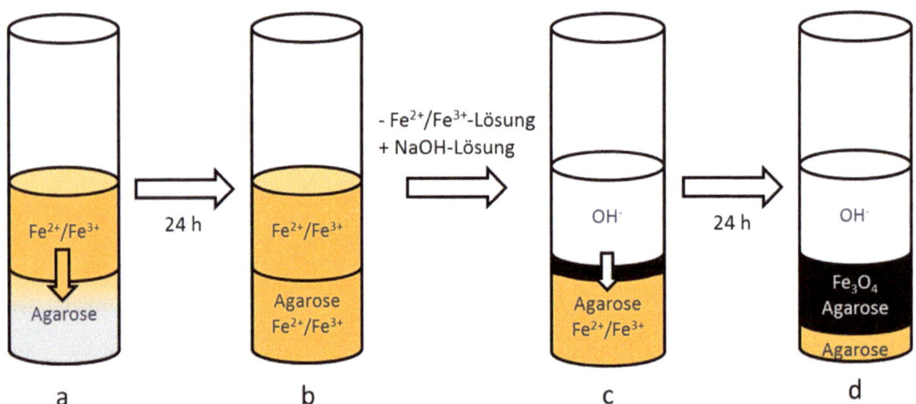

Abb. 59: Vereinfachte schematische Darstellung der diffuisonskontrollierten Kopräzipitation von Eisenoxidnanopartikeln im Agarosegel. Eine Fe^{2+}/Fe^{3+}-Lösung wird auf ein Agarosegel gegeben (a) und die Ionen diffundieren über 24 Stunden in dieses hinein (b). Durch Abdekantieren der Fe^{2+}/Fe^{3+}-Lösung und Auffüllen mit NaOH-Lösung bildet sich ein schwarzes Band aus Eisenoxidnanopartikeln (c), dessen Breite, durch Diffusion der Eisen- und Hydroxidionen, über weitere 24 Stunden zunimmt (d).

Deshalb wurde nachfolgend zunächst ein Agarosegel mit MilliQ-Wasser (5 mL) angefertigt, welches anschließend, wie in Abb. 59a dargestellt, mit einer Eisen-chloridlösung überschichtet wurde. Während des anschließenden Inkubierens über 24 Stunden bei Raumtemperatur diffundieren die Eisenionen in die Gelmatrix, bis der Konzentrationsgradient ausgeglichen ist (Abb. 59b). In ähnlichen Synthesen, die in der Literatur zu finden sind,[15, 16] beginnt die sofortige Kristallisation von Eisenoxid, indem das mit Eisenionen angereicherte Gel anschließend mit einer NaOH-Lösung in direkten Kontakt gebracht wird. Dadurch sind jedoch gerade die ersten entstehenden Partikel, welche sich an der Grenzschicht Gel/Lösung bilden, nicht diffusionskontrolliert entstanden. Um dies zu umgehen wird die Geloberfläche nach Entfernen der überschüssigen Eisenchloridlösung vorsichtig mit weiteren 2 mL Agaroselösung überschichtet (in der Abbildung nicht gezeigt). Anschließend muss ausreichend Zeit vergehen, damit diese Lösung vollständig geliert. Andererseits darf die Fortführung der Reaktion nicht zu lange pausiert werden, da die Eisenionen sonst in die neue Gelschicht hinein diffundieren. Durch mehrere Versuche wurde eine optimale Gelierungszeit von 40 Minuten ermittelt. Nach dieser Zeit wird das Gel vorsichtig mit NaOH-Lösung überschichtet (Abb. 59c). Aufgrund der zuvor aufgebrachten zusätzlichen Agarose-Schicht, ist die Eisenoxid-kristallisation verzögert und beginnt erst nach etwa 15 Minuten. Die Probe wird abermals 24 Stunden bei Raumtemperatur gelagert, wodurch sich die entstehende

Magnetitschicht aufgrund der Diffusion der Hydroxidionen in das Gel allmählich zum Boden des Reaktionsgefäßes hin ausbreitet (Abb. 59d).

Für die potentiellen Anwendungsgebiete der synthetisierten Nanopartikel als auch für die physikochemischen und magnetischen Charakterisierungsmethoden, die in dieser Arbeit eingesetzt werden, ist das Vorliegen der Partikel in kolloidaler Suspension essentiell. Aus diesen Gründen musste nachfolgend eine Aufreinigungsmethode etabliert werden, um die präzipitierten Eisenoxidpartikel aus dem Gel zu extrahieren und anschließend zu stabilisieren. Die Eigenschaften der Partikel sollten bei diesem Prozess idealerweise unverändert bleiben.

Hierfür wurde zunächst ein einfaches Herauswaschen versucht. Dazu wurden die Gele im Wasserbad ausreichend stark erhitzt, sodass die Netzwerkstruktur verloren geht und die Gele verflüssigt werden. Anschließend wurden sie mit heißem Wasser verdünnt und sofort zentrifugiert, wodurch die Partikel vom Agarose-haltigen Überstand abgetrennt werden konnten. Jedoch bildeten die Partikel auch nach mehreren solcher Waschschritte ein sehr voluminöses Pellet nach der Zentrifugation, was stark darauf hindeutete, dass noch immer ein deutlicher Anteil an Agarose an den Eisenoxidnanopartikeln adsorbiert war und diese Methode folglich ungeeignet zur Aufreinigung ist.

Als alternative Methode wurde anschließend eine oxidative Depolymerisation der Agarose durch reaktive Sauerstoffspezies (ROS) versucht. Dabei ist bekannt, dass reaktive Sauerstoffspezies, wie beispielsweise das ionische Superoxidradikal ($O_2^{\cdot-}$), Hydroxylradikale ($OH^{\cdot}$), Wasserstoffperoxid (H_2O_2), organische Peroxide ($ROOR'$) oder Ozon (O_3), in der Lage sind Makromoleküle, wie Proteine, Lipide, Nukleinsäuren sowie Polysaccharide, zu zersetzen.[188] In der vorliegenden Arbeit wurde die *Fenton Reaktion* als Quelle der ROS genutzt. Diese beschreibt die Bildung von Hydroxylradikalen durch Reaktion von Wasserstoffperoxid mit Fe(II) nach folgender Gleichung:[189]

$$Fe^{2+} + H_2O_2 \rightarrow Fe^{3+} + OH^- + OH^{\cdot} \qquad \text{(Gl. 3.2)}$$

Nach *Barb et al.* besteht der vollständige Reaktionsmechanismus der radikalischen Reaktion zusätzlich aus den folgenden Schritten:

$$OH^{\cdot} + H_2O_2 \rightarrow HO_2^{\cdot} + H_2O \qquad \text{(Gl. 3.3)}$$

$$Fe^{3+} + HO_2^{\cdot} \rightarrow Fe^{2+} + H^+ + O_2 \qquad \text{(Gl. 3.4)}$$

$$Fe^{2+} + HO_2^{\cdot} \rightarrow Fe^{3+} + HO_2^- \qquad \text{(Gl. 3.5)}$$

$$Fe^{2+} + OH^{\bullet} \rightarrow Fe^{3+} + OH^{-} \qquad \text{(Gl. 3.6)}$$

Dabei bildet (Gl. 3.2) die Initiierung der Kettenreaktion, die (Gl. 3.2) – (Gl. 3.4) die Kette und die Reaktionen (Gl. 3.5) und (Gl. 3.6) bilden den Kettenabbruch.[190] Aus Gleichung (Gl. 3.4) wird ersichtlich, dass Fe(II) innerhalb der Kette regeneriert wird und somit nur in katalytischen Mengen erforderlich ist. Neben der Kettenfortpflanzung durch Reaktion der gebildeten Hydroxylradikale mit H_2O_2 (Gl. 3.3), können diese Radikale auch die Polysaccharidketten der Agarose angreifen (Abb. 60). Dabei spaltet das Radikal ein Kohlenstoff-gebundenes Wasserstoffatom ab, wodurch ein Kohlenstoffradikal gebildet wird. Dieses reagiert in aeroben Lösungen mit Sauerstoff unter Ausbildung eines organischen Peroxylradikals (ROO•). Anschließend kann ein Hydroperoxylradikal (HO$_2$•) abgespalten werden und es resultiert ein Aldehyd, Keton oder Lacton. Dabei führt die Abspaltung von Wasserstoff an C-1 oder C-4 eines Pyranoseringes im ersten Schritt zur gewünschten Kettenspaltung (siehe beispielhaft die Wasserstoffabspaltung an C-1 der D-Galactose in Abb. 60) und somit zur Degradierung des Gelnetzwerkes.[191]

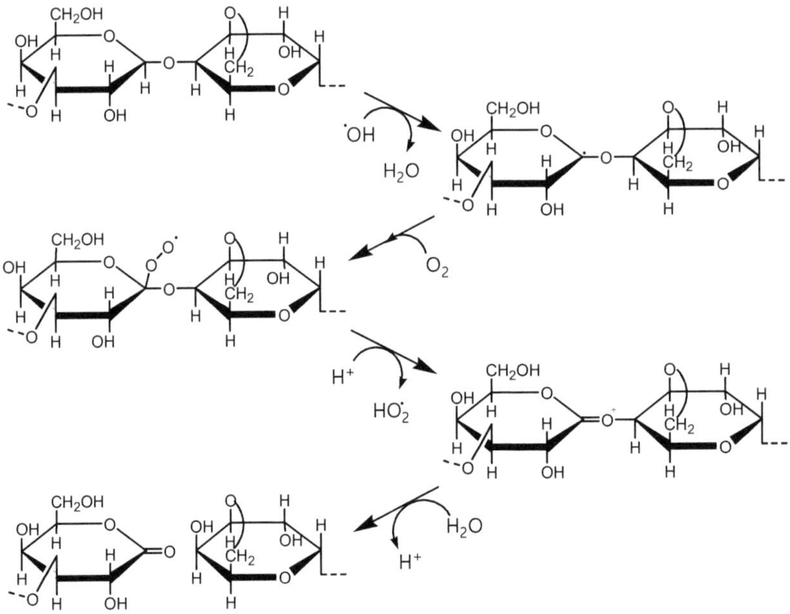

Abb. 60: Mechanismus der Kettenspaltung von Agarose durch Hydroxylradikale am Beispiel der initialen H-Abstraktion an C-1 der D-Galactose

Für die oxidative Depolymerisation wurde das Nanopartikel-haltige Gel zunächst grob zerkleinert und anschließend mit Wasserstoffperoxid und einer geringen Menge an $FeSO_4 \cdot 7\ H_2O$ versetzt. Nach 24 Stunden wurde die Reaktion beendet und die Partikel mittels Magnetseparation mehrfach mit MilliQ-Wasser gewaschen. Die detaillierte Synthesevorschrift zur Herstellung und Aufreinigung magnetischer Nanopartikel durch diffusionskontrollierte Kopräzipitation im Hydrogel ist in Kapitel 5.1.8 im Anhang zu finden.

Aus der Literatur ist bekannt, dass Eisenoxidnanopartikel selbst als heterogene Katalysatoren zur Generierung von Hydroxylradikalen aus Wasserstoffperoxid wirken.[192, 193] Dies wird beispielsweise als Hauptgrund für die konzentrations-abhängige Zytotoxizität von Eisenoxidnanopartikeln angesehen, da die Generierung freier Radikale *in vivo* zu oxidativem Stress führt.[194] Andererseits wird dieser Effekt aber auch erfolgreich zum Abbau organischer Verunreinigungen in Abwässern genutzt.[195]

Da die gebildeten Eisenoxidnanopartikel der diffusionskontrollierten Kopräzi-pitation in dem Gelnetzwerk eingeschlossen sind, ist bei einem Zusatz von Wasserstoffperoxid allein kein nennenswerter katalytischer Effekt der Partikel zu erwarten. Erst der Zusatz freier Fe(II)-Ionen in Form von $FeSO_4 \cdot 7\,H_2O$ führte zur schnellen Initiierung der oxidativen Depolymerisation. Gleichzeitig wurden dadurch Veränderungen der Oberfläche der allmählich freigesetzten Nanopartikel möglichst geringgehalten.

Da eine Stabilisierung mit Dextran *in situ* wie bei der partiellen Oxidation von Eisen(II)-hydroxid und *Green Rust* nicht möglich ist, weil das Polysaccharid durch die gewählte Aufreinigungsmethode ebenfalls degradiert werden würde, werden hier zunächst kolloidal instabile Partikel erhalten. Für die zweckmäßige Charakterisierung ist jedoch eine kolloidal stabile Suspension erforderlich. Auch wenn für die potentielle *in vivo*-Anwendung die sterische Stabilisierung vorzuziehen ist, wurden die Partikel für die grundlegende Charakterisierung zunächst elektrostatisch stabilisiert, da diese Art der Stabilisierung aus Erfahrung einfacher zu realisieren und für eine Abschätzung der MPS- und MR-Performance ausreichend ist.

3.2.1 Elektrostatische Stabilisierung

Zur elektrostatischen Stabilisierung wurden die instabilen Partikel in 2 M Salpetersäure redispergiert und im Ultraschallbad behandelt, wodurch die Partikeloberfläche protoniert wurde. Durch anschließendes mehrfaches Waschen mit MilliQ-Wasser mittels Zentrifugation wurde die Ionenstärke verringert, wodurch die Komprimierung der entstandenen elektrischen Doppelschicht aufgehoben wird und somit eine elektrostatisch stabilisierte Suspension magnetischer Eisenoxidnanopartikel erhalten wird.

Die so stabilisierten Partikel besitzen eine hydrodynamische Größe von etwa 55 nm. Zur Beurteilung der kolloidalen Stabilität durch elektrostatische Abstoßung wurde das Zetapotential der Partikel bei einem pH-Wert der Suspension von 4,2 gemessen. Dieses beträgt 44,0 mV bei einer Leitfähigkeit von 0,04 mS/cm. Die Aufrechterhaltung des kolloidalen Zustandes durch elektrostatische Stabilisierung ist neben der Oberflächenladung auch von weiteren Faktoren wie bspw. der Partikelgröße oder der Art des Dispersionsmediums abhängig. Dennoch kann durch Messung des Zetapotentials allein eine Abschätzung über die Stabilität getätigt werden. So gilt als Daumenregel, dass Partikelsuspensionen mit einem Zetapotential von über 30 mV bzw. unter -30 mV als kolloidal stabil erachtet werden können.[196] Mit einem Potential von 44 mV gilt die Suspension bereits als gut stabilisiert. Weiterhin wurde die Stabilität der Suspension durch Langzeitbeobachtung der hydrodynamischen Partikelgröße überprüft. Dass hierbei auch nach 18 Monaten keine Veränderung zu beobachten war, bestätigt den Erhalt der kolloidalen Stabilität über mindestens diesen Zeitraum.

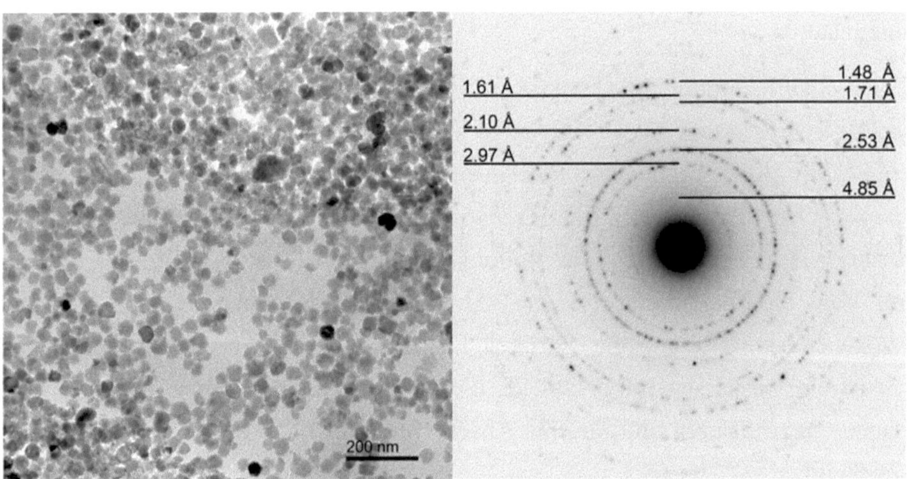

Abb. 61: TEM-Aufnahme elektrostatisch stabilisierter Eisenoxidnanopartikel aus diffusionskontrollierter Kopräzipitation (links) und zugehöriges Elektronenbeugungsmuster (rechts)

Abb. 61 links zeigt eine repräsentative TEM-Aufnahme der stabilisierten Partikel. Aus diesem und weiteren wurde eine durchschnittliche Kristallitgröße von 24 ± 10 nm ermittelt. Die Aufnahme von Elektronenbeugungsmustern (Abb. 61 rechts) belegt, dass die Partikel ausschließlich aus kubischem Magnetit/Maghemit mit hoher Kristallinität bestehen. Weiterhin sind die Partikel homogen auf den

TEM-Grids verteilt. Dies deutet an, das auch in Suspension keine oder nur wenige Partikelaggregate vorhanden sind. Bekräftigt wird diese Aussage durch die hydrodynamische Größe, welche nur etwa doppelt so hoch ist, wie die Kristallitgröße. Denn aufgrund der Tatsache, dass die dynamische Lichtstreuung eine intensitätsgewichtete Methode ist, bei der die Signalintensität mit d^6 skaliert, ist bei Vorhandensein von Aggregaten mit deutlich größeren Unterschieden gegenüber der zahlengewichteten Kristallitgröße aus der TEM zu rechnen.

Der inhomogene Kontrast sowie die raue Oberfläche der einzelnen Partikel suggerieren, dass diese möglicherweise aus mehreren kleinen Kristalliten bestehen. Zur weiteren morphologischen Analyse wurden deshalb hochauflösende TEM-Aufnahmen (HR-TEM) gemacht. Abb. 62 zeigt beispielhaft die Aufnahme eines einzelnen repräsentativen Partikels. Hier ist vor allem die raue Oberflächenstruktur noch deutlicher zu erkennen. Jedoch zeigen sich kontinuierliche Gitternetzlinien über den gesamten Partikel hinweg und belegen somit, dass die meisten Partikel Einkristalle sind. *Baumgartner et al.* zeigten, dass die sehr langsame Fällung von Magnetitnanopartikeln in wässriger Lösung durch Aggregation und Verschmelzung primärer Partikel mit einer Größe von etwa 2 nm stattfindet.[197] Da die hier vorgestellte Reaktion ebenfalls vergleichsweise langsam abläuft, bilden sich die Partikel möglicherweise durch ebendiesen Prozess, was das inhomogene Erscheinungsbild erklären würde.

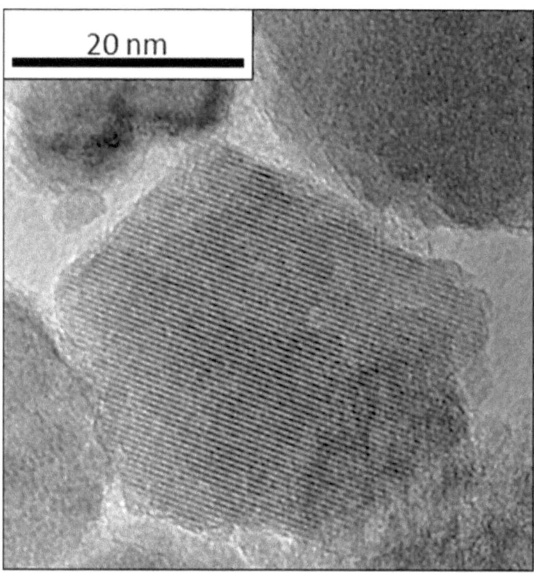

Abb. 62: HR-TEM-Aufnahme elektrostatisch stabilisierter Eisenoxidnanopartikel aus diffusionskontrollierter Kopräzipitation

Im MPS übersteigt die Amplitude der dritten Harmonischen der im Gel synthetisierten Partikel diejenige der Vergleichssubstanz FeraSpin R um einen Faktor von 2,3 (siehe Abb. 63). Jedoch führt ein steiler Abfall dazu, dass die Amplituden ab der elften Harmonischen unterhalb von FeraSpin R liegen. Eine mögliche Erklärung für den starken Harmonischenabfall ergibt sich aus der Abwesenheit eines abschirmenden polymeren Coatings in Kombination mit dem, im Vergleich zur partiellen Oxidation von Fe(II)-hydroxid und *Green Rust*, großen Kristallitdurchmesser, wodurch starke magnetische Wechselwirkungen auftreten können, die dazu führen, dass die magnetischen Momente dem sinuidalen Anregungsfeld von 25 kHz nicht mehr folgen können. Überraschenderweise weist das MPS einen leichten Knick bei der elften Harmonischen auf, sodass sich der Abfall der Harmonischen dem Verlauf von FeraSpin R angleicht und somit bis zur 49. Harmonischen ein annähernd gleicher Abstand der jeweiligen Amplituden beibehalten wird.

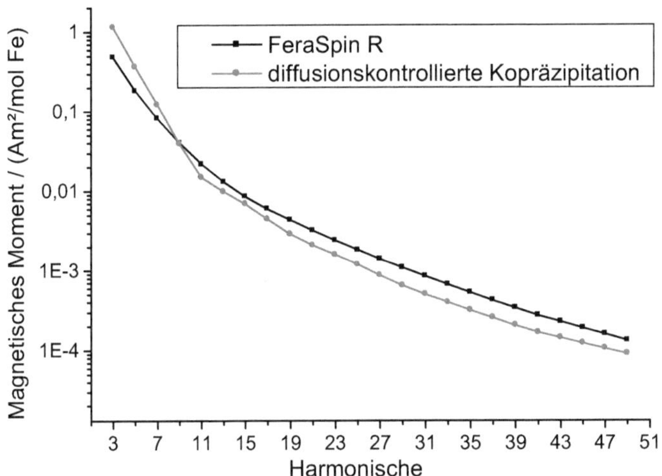

Abb. 63: MPS elektrostatisch stabilisierter Eisenoxidnanopartikel aus diffusionskontrollierter Kopräzipitation und FeraSpin R als Vergleich

Neben der guten MPS-Performance weisen diese Partikel mit einer R_2-Relaxivität von 272 L/mmol·s auch in der MR eine, im Vergleich zu FeraSpin R (155 L/mmol·s), deutlich stärkere Relaxationszeitverkürzung auf.

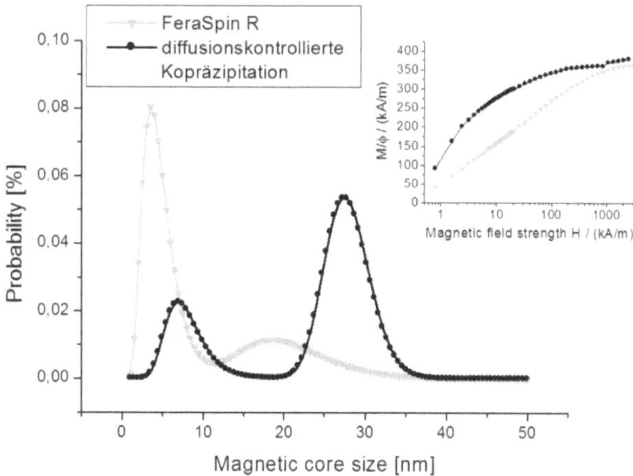

Abb. 64: Effektive magnetische Kerngrößenverteilung elektrostatisch stabilisierter Eisenoxidnanopartikel aus diffusionskontrollierter Kopräzipitation und FeraSpin R als Vergleich, berechnet aus deren initialen M/H-Kurven (Inset) normalisiert auf den Volumenanteil an Magnetit

Nachfolgend wurde die Neukurve der statischen Magnetisierung der elektrostatisch stabilisierten Partikelsuspension gemessen (Abb. 64 Inset) und für die Berechnung der effektiven magnetischen Kerngrößenverteilung unter Annahme einer bimodalen Größenverteilung nicht-wechselwirkender sphärischer Eindomänenpartikel genutzt (Abb. 64). Die Daten von FeraSpin R werden als Vergleich herangezogen. Wie bereits unter Punkt 2.2.1.4 und 3.1.9 erläutert, stammt das MPS-Signal von FeraSpin R hauptsächlich von der größeren magnetischen Mode, deren Anteil im Vergleich zur ersten Mode relativ gering ist. Bei den diffusionskontrolliert gefällten Partikeln ist der Anteil der größeren magnetischen Mode hingegen deutlich höher. Gleichzeitig ist auch der mittlere Kerndurchmesser dieser Mode größer, als derjenige von FeraSpin R, und liegt zugleich im postulierten idealen Größenbereich für MPI von 30 nm.[10] Werden ausschließlich diese Daten berücksichtigt, so wäre ein deutlich höheres MPS-Signal zu erwarten. Folglich spielt die Partikeldynamik, welche bei der statischen Magnetisierungsmessung nicht berücksichtigt wird, bei diesem Partikelsystem offensichtlich eine wichtige Rolle.

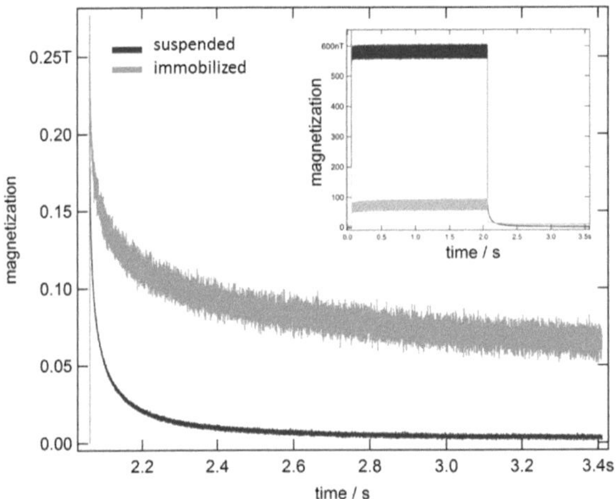

Abb. 65: MRX-Kurven elektrostatisch stabilisierter Eisenoxidnanopartikel aus diffusionskontrollierter Kopräzipitation im suspendierten und immobiliserten Zustand normalisiert auf die Signalintensität vor Abschalten des Magnetfeldes und initiale MRX-Kurven (Inset)

Um die Partikeldynamik näher zu analysieren, wurden magnetrelaxometrische Messungen sowohl im suspendierten als auch im immobilisierten Zustand durchgeführt. Vor Abschalten des Magnetfeldes ist die Magnetisierung der mobilen Probe deutlich größer als die der immobilisierten Probe (siehe Abb. 65 Inset). Dies ist das Ergebnis der Gefriertrocknung, welche zur Unterdrückung der Rotation des gesamten Partikels führt. Dadurch kann die Umorientierung des magnetischen Momentes ausschließlich über den Néel-Prozess stattfinden, während im suspendierten Zustand Néelsche und Brownsche Rotationen möglich sind. Der Unterschied der Magnetisierungslevel der mobilen und immobilisierten Probe zeigen, dass ein Großteil der magnetischen Momente der Partikel in Suspension über den Brownschen Prozess relaxiert. Abb. 65 zeigt die MRX-Kurven der suspendierten und immobilisierten Probe normiert auf die Signalintensität vor Abschalten des Magnetfeldes. Hierbei liefert die vergleichsweise lange Relaxationszeit der immobilisierten Probe ein weiteres Indiz für große magnetische Kerne. Die lange Néel-Zeitkonstante sowie die Brown-dominierte Relaxation bestätigen somit die oben dargelegte Erklärung, dass ein signifikanter Anteil der magnetischen Momente des Partikelsystems der Frequenz des Anregungsfeldes von 25 kHz nicht folgen kann, woraus der steile Harmonischenverlauf des MPS resultiert.

Im Gegensatz zur klassischen Kopräzipitation in Lösung, in welcher die Kristallitgröße im Bereich von etwa 2 – 17 nm variiert werden kann,[96] wurden durch die hier vorgestellte diffusionskontrollierte Kopräzpitation im Agarosegel deutlich größere Partikel mit einer durchschnittlichen Kristallitgröße von 24 nm synthetisiert. Die elektrostatische Stabilisierung ermöglichte die Bewertung der MPS- und MR-Performance. Hierbei wurden MPS-Signale sowie transversale Relaxivitäten ermittelt, welche diejenigen von FeraSpin R übertreffen, wodurch die weitere Arbeit an dieser Syntheseroute sinnvoll erscheint.

Wie bereits zu Beginn dieser Arbeit angemerkt, wird dabei ein möglichst anwendungsorientiertes Vorgehen angestrebt. Aus diesem Grund sollen zunächst die Grundlagen für den potentiellen Einsatz als *in vivo*-Diagnostikum geschaffen werden. Dies bedeutet, dass Verfahren etabliert werden müssen, welche die Formulierung der Partikelsuspensionen unter Erhalt der kolloidalen Stabilität ermöglichen. Elektrostatisch und insbesondere Säure-stabilisierte Partikel-systeme weisen generell eine schlechte Stabilität unter physiologischen Bedingungen auf, da die hohe Ionenstärke die elektrische Doppelschicht komprimiert und somit eine Partikelaggregation aufgrund van der Waals'scher Kräfte induziert.[115] Deshalb soll nachfolgend eine Methode zur sterischen Stabilisierung etabliert werden.

3.2.2 Sterische Stabilisierung

Die bisherige Partikelstabilisierung erfolgte durch Säurebehandlung, wodurch die Partikeloberfläche protoniert wird und somit elektrostatisch stabilisierte Partikel-suspensionen mit einem pH-Wert von etwa 3 – 4 und einer Osmolarität von etwa 10 mosmol/L erhalten werden. Diese Art der Stabilisierung beruht auf der gegenseitigen Abstoßung gleich geladener Partikel bzw. den umgebenen Gegenionenwolken. Die Partikelladung respektive Stärke der Abstoßung ist jedoch stark vom pH-Wert abhängig und sinkt deutlich, wenn dieser auf ein physiologisches Niveau von 7,4 gebracht wird, da dieser pH-Wert nahe dem isoelektrischen Punkt von Magnetit liegt.[198] Zudem ist diese Art der Stabilisierung Ionenstärke-sensitiv. Dies bedeutet, dass eine Erhöhung der Ionenstärke beispielsweise durch Salzzusatz zur Kompression der elektrischen Doppelschicht führt, wodurch die repulsiven elektrostatischen Wechselwirkungen abgeschwächt werden. Aus diesen Gründen ist die elektrostatische Partikelstabilisierung eher ungeeignet für potentielle *in vivo*-Anwendungen. Die sterische Stabilisierung durch nichtionische Polymere ist hingegen weder vom pH-Wert noch der Ionenstärke abhängig und deshalb insbesondere für biologische Anwendungen zu bevorzugen. Eine einfache Methode zur sterischen Stabilisierung besteht darin, der Reaktionslösung bereits vor Kristallisation der Partikel das entsprechende Stabilisierungsmaterial zuzusetzen. Diese Methode ist jedoch, wie oben bereits erwähnt, aufgrund der notwendigen oxidativen Depolymerisation zur Agarosedegradierung nicht anwendbar.

Alternativ wurde versucht die instabilen Partikel nach deren Synthese und Aufreinigung durch Zugabe von Polymeren gefolgt von intensiver Ultraschall-Behandlung mit einer Sonotrode zu stabilisieren. Die detaillierte Durchführung ist im Anhang unter 5.1.10 zu finden. Als polymeres Coatingmaterial wurde abermals Dextran verwendet, da dieses in der *in situ*-Stabilisierung der partiellen Oxidation von Eisen(II)-hydroxid und *Green Rust*, eine hervorragende kolloidale Stabilität bewirkte. Zudem ist Dextran biokompatibel und biodegradierbar, wodurch es ohne Bedenken auch *in vivo* eingesetzt werden kann bzw. für verschiedene Zwecke, wie beispielsweise als Plasmaexpander, bereits eingesetzt wird.[199] Um gleichzeitig auch den Einfluss der Molmasse auf die Stabilität und die Partikeleigenschaften zu untersuchen, wurden verschiedene Dextrane mit Molmassen von 6.000 g/mol, 20.000 g/mol und 70.000 g/mol (nachfolgend bezeichnet als Dextran 6, 20 bzw. 70) für die Stabilisierung verwendet und eine Probe ohne Dextranzusatz als Referenz mitgeführt.

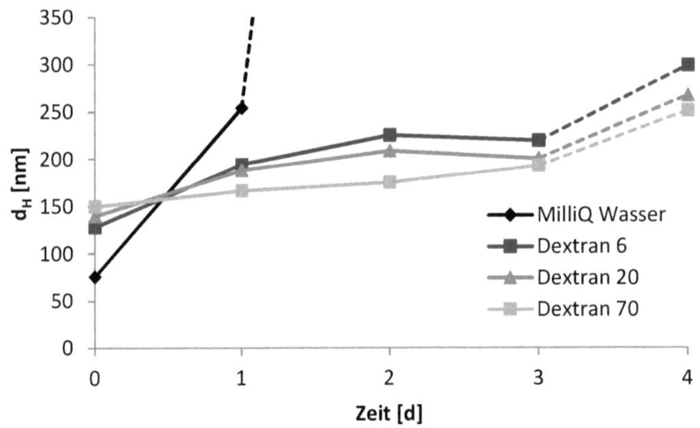

Abb. 66: Zeitliche Veränderung der hydrodynamischen Partikelgröße in Abhängigkeit der Molmasse des zur Stabilisierung verwendeten Dextrans. Die jeweils letzten Messpunkte können nicht mehr als verlässlich angesehen werden, da sichtbare, nicht redispergierbare Präzipitate in den Suspensionen zu beobachten waren.

Abb. 66 zeigt die hydrodynamische Partikelgröße der Proben direkt nach der Ultraschallbehandlung des Stabilisierungsprozesses sowie deren zeitliche Veränderung über einen Zeitraum von vier Tagen. Ohne Zusatz eines stabilisierenden Polymers werden nach Ultraschallbehandlung Partikel mit einer Größe von etwa 75 nm erhalten. Die gemessene Partikelgröße steigt jedoch innerhalb von zwei Tagen auf über 1000 nm. Zudem war ein deutlicher

Niederschlag in der Partikelsuspension erkennbar. Folglich ist diese Probe als kolloidal instabil zu bewerten.

Wird den Partikeln hingegen vor der Ultraschallbehandlung Dextran als Stabilisator zugesetzt, so werden, je nach Molekulargewicht des Dextrans, Partikel mit einer durchschnittlichen Größe von 130 nm, 140 nm bzw. 150 nm erhalten. Diese größeren hydrodynamischen Durchmesser gegenüber der Referenz sind auf die Bildung einer ausgedehnten Hydrathülle, durch auf der Partikeloberfläche adsorbierte Polymere, zurückzuführen. Dabei steigt die Partikelgröße mit zunehmender Molmasse des Dextrans, da längere Polymerketten erwartungsgemäß eine dickere Hydrathülle bewirken. Dieser Effekt ist in Abb. 67 schematisch dargestellt.

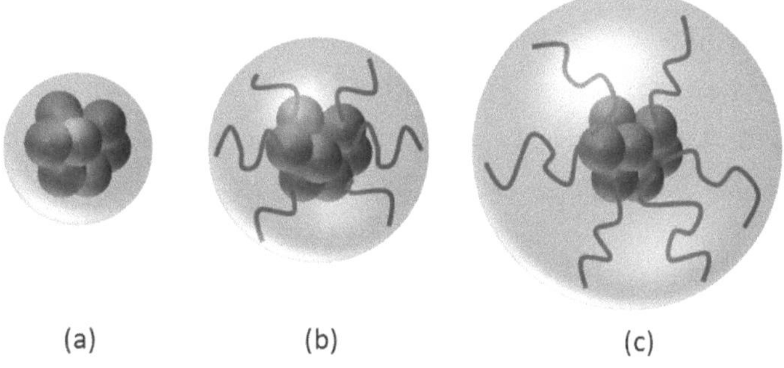

Abb. 67: Schematische Darstellung der Größe der Hydrathülle in Abhängigkeit des Hüllmaterials. (a) zeigt ein elektrostatisch stabilisiertes Partikelaggregat, (b) einen sterisch stabilisierten Partikel mit kurzkettigem polymeren Hüllmaterial und (c) einen sterisch stabilisierten Partikel mit langkettigem polymeren Hüllmaterial.

Auch bei diesen stabilisierten Proben nimmt die Partikelgröße im zeitlichen Verlauf zu, was auf eine fortschreitende Aggregation schließen lässt; dies jedoch in deutlich geringerem Ausmaß im Vergleich zur Referenzprobe ohne Dextran. So betragen die Partikelgrößen nach zwei Tagen 225 nm, 210 nm bzw. 175 nm. Auffällig ist dabei, dass mit steigender Molmasse des zur Stabilisierung verwendeten Dextrans die zeitliche Größenzunahme abnimmt, wodurch die Dextran 70-stabiliserten Partikel nach zwei Tagen die geringste Größe aufweisen. Dies ist auf die Zunahme repulsiver Kräfte mit steigender Molmasse zurückzuführen. Bei weiterer Beobachtung der hydrodynamischen Partikelgröße wurden nach vier Tagen mittlere Durchmesser von 300 nm, 270 nm bzw. 250 nm ermittelt. Diese können jedoch nicht mehr als verlässlich angesehen werden, da in sämtlichen Proben sichtbare, nicht redispergierbare Präzipitate zu beobachten waren, wodurch die dynamische Lichtstreuung keine zuverlässigen Ergebnisse mehr liefert.

Zusammenfassend führte ein Dextranzusatz in Kombination mit Ultraschallbehandlung zu einer erfolgreichen Stabilitätserhöhung. Dennoch traten Partikelaggregationen auf, die nach wenigen Tagen zu einer, für *in vivo*-Anwendungen nicht tolerierbaren, Niederschlagsbildung führten.

Visuelle Begutachtungen der so behandelten Proben zeigten jedoch, dass nur ein Teil der Partikel aggregierte und sedimentierte. Die restlichen Partikel verblieben über mehrere Wochen in Suspension, erkennbar an einem gefärbten Überstand. Aus diesem Grund wurde nachfolgend versucht, größere und weniger stabile Partikelaggregate bereits direkt nach der Ultraschallbehandlung durch Zentrifugation zu entfernen, um somit Partikelsuspensionen zu erhalten, welche über einen längeren Zeitraum vollständig kolloidal stabil sind. Hierzu wurden die Proben unmittelbar nach der Behandlung mit der Sonotrode für 10 Minuten bei 6.000 rpm zentrifugiert und der Überstand für die weitere Analyse abgenommen. Zusätzlich wurde eine weitere Dextrancharge mit einer Molmasse von 150.000 g/mol mitgeführt, von welcher nach den vorhergehenden Ergebnissen eine nochmals erhöhte Stabilität gegenüber der Verwendung von Dextran 70 erwartet wurde.

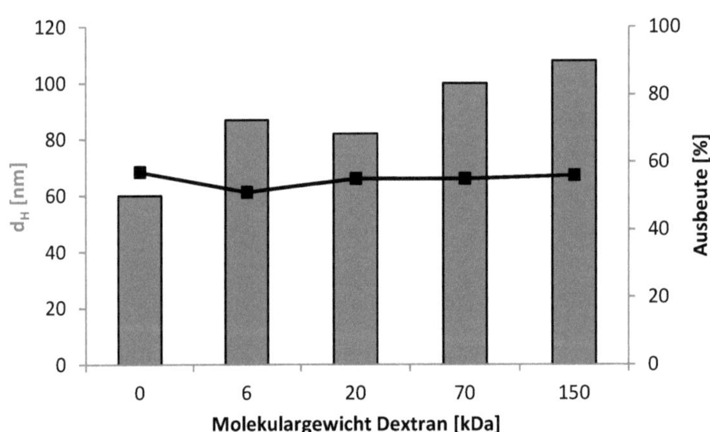

Abb. 68: Hydrodynamische Partikelgröße (Balken) direkt nach Stabilisierung und Zentrifugation sowie Ausbeute (Punkte) in Abhängigkeit der Molmasse des zur Stabilisierung verwendeten Dextrans

Aufgrund der Zentrifugation, bei der größere Partikelaggregate abgetrennt wurden, sind die hydrodynamischen Partikelgrößen gegenüber dem vorherigen Versuch erwartungsgemäß kleiner. So weist die Referenzprobe eine Partikelgröße von 60 nm (ohne Zentrifugation 75 nm) auf; diejenigen der Dextran-stabilisierten Partikel liegen zwischen 78 nm und 108 nm (ohne Zentrifugation 130 nm – 150 nm), wobei jedoch abermals die Abhängigkeit der Partikelgröße von der Molmasse des Coatingmaterials erkennbar ist (siehe Abb. 68). Da die Zentrifugation mit einem Verlust an Partikeln einhergeht, wurde zusätzlich die Ausbeute anhand der Eisenkonzentrationen der Proben berechnet. Diese liegt zwischen 50 – 60 % und ist unabhängig von der Molmasse des Dextrans. Werden ausschließlich die Partikelgrößen berücksichtigt, so kann nicht eindeutig unterschieden werden, ob die Partikelgrößenzunahme mit steigender Molmasse einzig durch eine zunehmende Dicke der Hydrathülle hervorgerufen wird oder ob längere Dextranketten möglicherweise größere Partikelaggregate in Suspension halten können. Die von der Molmasse unabhängige Ausbeute belegt jedoch, dass durch die Zentrifugation in allen Proben in etwa der gleiche Anteil an Partikeln abgetrennt wurde und die Größenzunahme folglich einzig auf eine Zunahme der Ausdehnung der Hydrathülle zurückzuführen ist.

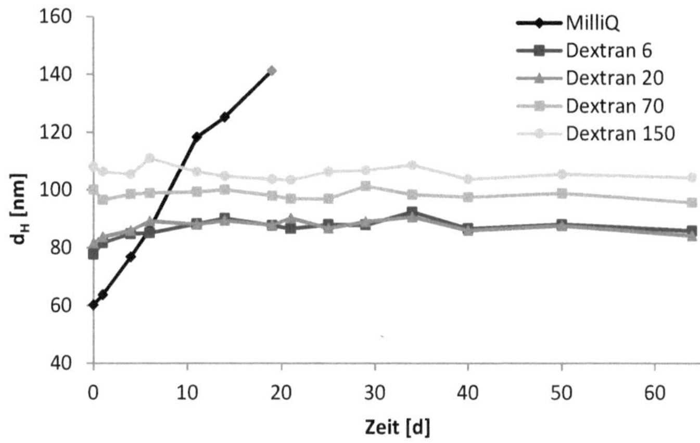

Abb. 69: Zeitliche Veränderung der hydrodynamischen Partikelgröße zentrifugierter Proben in Abhängigkeit der Molmasse des zur Stabilisierung verwendeten Dextrans. Der rot markierte Datenpunkt kennzeichnet den letzten Messpunkt bevor sichtbare Partikelaggregation auftrat.

Wie aus Abb. 69 ersichtlich, steigt die Partikelgröße der Referenzprobe ohne Dextran abermals im zeitlichen Verlauf, was auf Aggregation und folglich eine unzureichende kolloidale Stabilität, hindeutet. Allerdings führte die vorherige Zentrifugation zu einem deutlich flacheren Anstieg. Dadurch verbleiben die Partikel 19 Tage lang in Suspension, während die Größe kontinuierlich auf bis zu 140 nm ansteigt. Nach 21 Tagen sind die Partikel vollständig ausgefallen. Demgegenüber sind sämtliche Dextran-stabilisierte Partikel über mindestens 130 Tage (in Abb. 69 der Übersichtlichkeit halber bis Tag 64 dargestellt; weitere Daten im Anhang Abb. A 1) kolloidal stabil. Dies belegt die erfolgreiche Langzeit-stabilisierung durch Dextranzusatz.

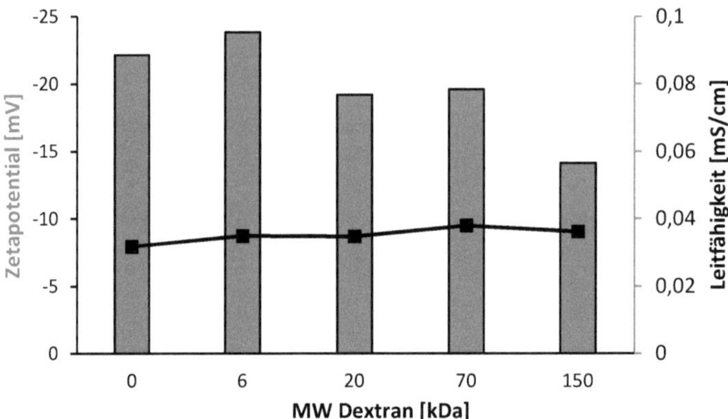

Abb. 70: Zetapotential (Balken) und Leitfähigkeit (Punkte) zentrifugierter Proben in Abhängigkeit der Molmasse des zur Stabilisierung verwendeten Dextrans

Die Bestimmung des Zetapotentials dieser Partikel lieferte Werte von -14 mV bis -24 mV bei identischen Leitfähigkeiten von 0,03 mS/cm – 0,04 mS/cm (Abb. 70). Wie unter Punkt 3.2.1 angemerkt, reichen diese Werte wahrscheinlich nicht für eine elektrostatische Stabilisierung aus. Die Partikel müssen also durch einen zusätzlichen sterischen Beitrag stabilisiert sein. Weiterhin deutet sich eine betragsmäßige Abnahme des Zetapotentials mit zunehmender Dextranmolmasse an. Dies ist ebenfalls ein Indiz für die erfolgreiche Dextranadsorption auf der Partikeloberfläche. Denn mit steigender Molmasse adsorbierter nichtionischer Polymere nimmt, wie oben beschrieben, die Ausdehnung der Hydrathülle zu, wodurch die Scherebene bei der Bestimmung des Zetapotentials weiter von der Sternschicht entfernt ist und somit ein geringeres Zetapotential gemessen wird.[200]

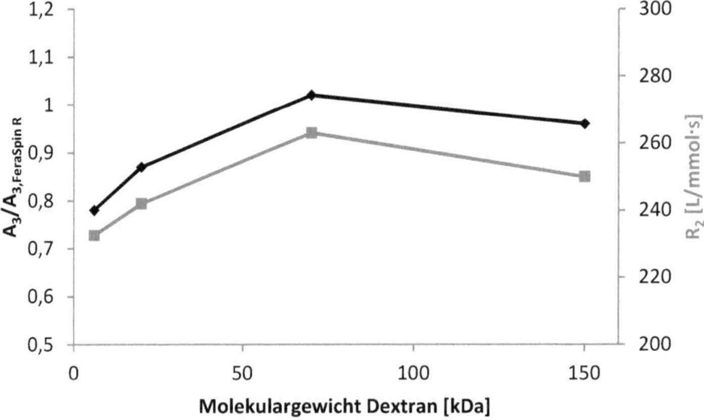

Abb. 71: Transversale Relaxivität (grau) und Amplitudenverhältnis $A_3/A_{3,\text{FeraSpin R}}$ (schwarz) zentrifugierter Proben in Abhängigkeit des Molekulargewichtes des zur Stabilisierung verwendeten Dextrans

Anschließend wurde die MPS- und MR-Performance der so stabilisierten Partikel untersucht (Abb. 71). Im Vergleich zur elektrostatisch stabilisierten Probe (vgl. Abb. 63 in Kapitel 3.2.1, $A_3/A_{3,\text{FeraSpin R}}$ = 2,3) werden generell deutlich geringere Amplitudenverhältnisse mit Werten zwischen 0,78 – 1,02 erhalten. Dies ist möglicherweise auf die Abtrennung größerer Partikel mit guter MPS-Performance durch die Zentrifugation zurückzuführen. Ausgeschlossen werden kann hingegen, dass der Dextranzusatz zu den Performanceeinbußen führte, denn auch die Referenzprobe ohne Dextran zeigt einen starken Abfall des MPS-Signals mit $A_3/A_{3,\text{FeraSpin R}}$ von 0,53 (nicht gezeigt). Da diese Probe keine kolloidale Langzeitstabilität aufweist, ist der Vollständigkeit halber wichtig zu erwähnen, dass das MPS einen Tag nach der Ultraschallbehandlung aufgenommen wurde.

Im Gegensatz zur MPS-Effektivität sinken die transversalen Relaxivitäten gegenüber der elektrostatisch stabilisierten Probe (vgl. 3.2.1, R_2 = 272 L/mmol·s) nur geringfügig auf Werte von 233 L/mmol·s – 263 L/mmol·s und liegen somit immer noch deutlich oberhalb der R_2-Relaxivität von FeraSpin R (R_2 = 155 L/mmol·s). Weiterhin ist eine Abhängigkeit der MPS- als auch der MR-Performance von der Molmasse erkennbar, wobei für beide Anwendungen die besten Resultate bei Verwendung von Dextran 70 erzielt werden.

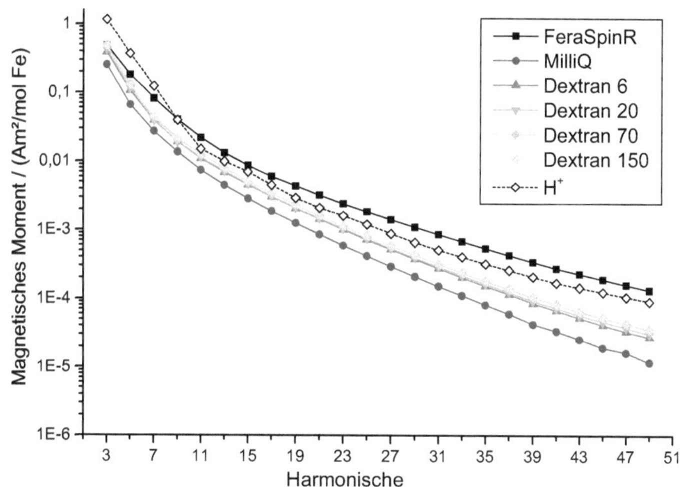

Abb. 72: MPS von ultraschallbehandelten und zentrifugierten Eisenoxidnanopartikeln aus diffusionskontrollierter Kopräzipitation mit (Dextran 6, 20, 70, 150) und ohne Dextranzusatz (MilliQ) sowie von elektrostatisch stabilisierten Partikeln (H⁺) und FeraSpin R

Abb. 72 zeigt die MPS-Spektren der mit Dextran stabilisierten und zentrifugierten Partikel sowie als Vergleich dazu die ebenfalls mit Ultraschall behandelte Referenzprobe ohne Dextran (MilliQ) sowie die säurestabilisierte Partikelprobe aus Kapitel 3.2.1 (H⁺) und FeraSpin R bis zur 49. Harmonischen. Zunächst ist deutlich zu erkennen, dass die Ultraschallbehandlung unter Polymerzusatz nicht nur bei der dritten Harmonischen sondern über das komplette Spektrum hinweg zu geringeren Amplituden führt. Weiterhin weisen die Harmonischen der beschallten und mit Dextran versetzten Proben unabhängig von der Molmasse einen nahezu identischen Verlauf auf. Wird kein Polymer hinzugesetzt (MilliQ), führt die Beschallung zu noch schwächeren Amplituden über das gesamte Spektrum hinweg.

Durch Variation der Molmasse des zur Stabilisierung verwendeten Polymers konnte die hydrodynamische Partikelgröße zwischen 78 nm und 108 nm variiert werden. Da diese die Pharmakokinetik stark beeinflusst,[5] wurde nachfolgend untersucht, ob durch weitere Variation der Molmassen ein breiterer Bereich an hydrodynamischen Partikelgrößen abgedeckt werden kann. Dadurch könnte möglicherweise die Bluthalbwertszeit der Partikel *in vivo* je nach gewünschter Anwendung variiert werden. Für diesen Versuch wurden zusätzlich zu den oben genutzten Dextranchargen weitere Chargen mit Molmassen von 2.500 g/mol, 250.000 g/mol und 500.000 g/mol eingesetzt.

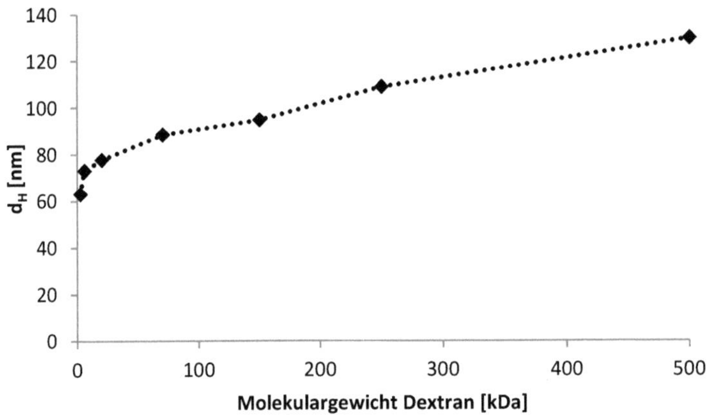

Abb. 73: Hydrodynamische Partikelgröße in Abhängigkeit der Molmasse des zur Stabilisierung verwendeten Dextrans

Nach Beschallung und Zentrifugation wurden somit hydrodynamische Partikelgrößen von 63 nm – 130 nm erhalten (Abb. 73). Der Größenbereich der durch Variation der Molmasse abgedeckt wird, konnte somit nochmals um -15 nm bis +22 nm erweitert werden. Diese Proben sind über mindestens 300 Tage kolloidal stabil (siehe Anhang Abb. A 2).

Zusammengefasst führte die Ultraschallbehandlung unter Dextranzusatz mit anschließender Zentrifugation zu einer kolloidalen Langzeitstabilisierung in Wasser, welche jedoch mit deutlichen MPS-Performanceeinbußen einherging.

Nachfolgend soll nun untersucht werden, ob die Stabilisierung ausreichend ist, um die, für *in vivo*-Anwendungen essentielle, kolloidale Stabilität auch unter physiologischen Bedingungen zu gewährleisten.

3.2.2.1 Stabilität in isotonischer Lösung

Wie bereits bei der Formulierungsentwicklung der Eisenoxidnanopartikel-suspensionen aus der partiellen Oxidation von Eisen(II)-hydroxid und *Green Rust*, wurden auch hier Natriumchlorid sowie Mannitol zur Anpassung der Osmolalität auf physiologische Werte getestet. Tab. 4 zeigt die Osmolalitäten der jeweiligen Suspensionen vor sowie nach Formulierung mit Mannitol bzw. Natriumchlorid.

Tab. 4: Osmolalitäten stabilisierter Eisenoxidnanopartikelsuspensionen aus diffusionskontrollierter Kopräzipitation vor sowie nach Formulierung mit Mannitol bzw. NaCl

Coatingmaterial	Osmolalität [mosmol/kg]		
	vor Formulierung	nach Mannitolzusatz	nach NaCl-Zusatz
-	20	307	305
Dextran 6	19	309	304
Dextran 20	19	307	308
Dextran 70	18	309	311
Dextran 150	17	308	308

Die anschließende Bewertung der kolloidalen Stabilität erfolgte durch visuelle Begutachtung sowie Messung der hydrodynamischen Partikelgröße.

Abb. 74 verdeutlicht, dass bereits kurze Zeit nach NaCl-Zugabe eine mit bloßem Auge erkennbare Aggregation in der Referenz sowie in der Dextran 6-stabilisierten Probe einsetzt. Eine beginnende Aggregation ist nach 60 Minuten auch in der Dextran 20-stabilisierten Probe zu erkennen. Vier Stunden nach Erhöhung der Osmolalität auf 300 mosmol/kg sind diese drei Proben vollständig ausgefallen. Sehr leichte Aggregationen und Sedimentationen sind auch in den restlichen Proben zu erkennen. Nach 24 Stunden waren sämtliche Proben vollständig ausgefallen. Da eine sterische Stabilisierung nicht Ionenstärke-sensitiv ist, muss das zuvor gezeigte negative Zetapotential von etwa -20 mV einen signifikanten Beitrag zur Stabilität der Partikel in Wasser leisten, weshalb die Partikel als elektrosterisch stabilisiert betrachtet werden können. Im vorliegenden Versuch führte die deutliche Erhöhung der Ionenstärke durch den NaCl-Zusatz zur Komprimierung der elektrischen Doppelschicht und der verbleibende sterische Beitrag allein reichte nicht aus, um den kolloidalen Zustand aufrechtzuerhalten.

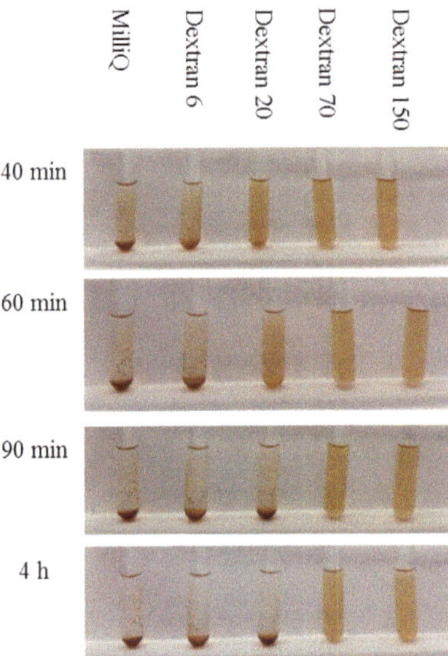

Abb. 74: Beobachtung der kolloidalen Stabilität Dextran-stabilisierter Eisenoxidnano-partikelsuspensionen aus diffusionskontrollierter Kopräzipitation nach Einstellen der Osmolalität mit NaCl auf etwa 300 mosmol/kg in Abhängigkeit der verwendeten Molmasse des Dextrans

Mannitol ist hingegen eine niederionische Substanz, welche die Ionenstärke des Suspensionsmediums nur geringfügig erhöht, wodurch keine starke Komprimierung der elektrischen Doppelschicht auftritt und elektrostatische Wechselwirkungen weiterhin zur kolloidalen Partikelstabilisierung beitragen können. Die hydro-dynamischen Größen der mit Mannitol eingestellten Suspensionen und deren Veränderung über einen Zeitraum von 30 Tagen sind in Abb. 75 dargestellt.

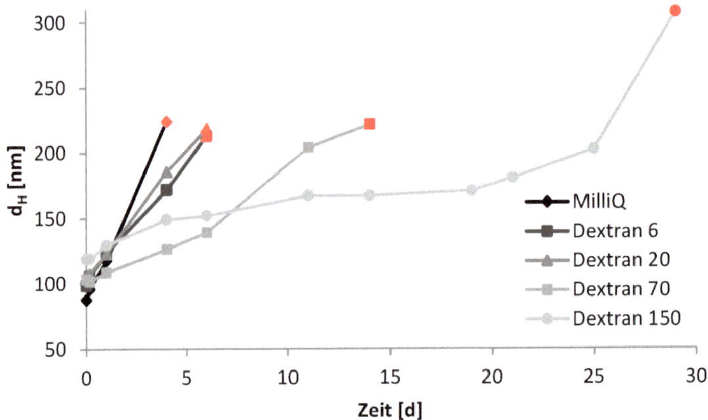

Abb. 75: Zeitliche Veränderung der hydrodynamischen Partikelgröße nach Einstellen der Osmolalität mit Mannitol auf etwa 300 mosmol/kg in Abhängigkeit der Molmasse des zur Stabilisierung verwendeten Dextrans. Rot markierte Datenpunkte kennzeichnen die letzten Messpunkte bevor sichtbare Partikelaggregation auftrat.

Sämtliche mit Mannitol formulierte Proben weisen bereits kurz nach Erhöhung der Osmolalität eine Größenzunahme auf, welche im zeitlichen Verlauf weiter zunimmt. So steigt die Partikelgröße ohne Polymerzusatz bereits nach vier Tagen auf über 200 nm. Nach fünf Tagen sind sichtbare, nicht redispergierbare Präzipitate in der Suspension erkennbar. Diejenigen Proben, denen Dextran zugesetzt wurde, weisen hingegen eine langsamere Größenzunahme respektive erhöhte kolloidale Stabilität auf. Zudem tritt wiederholt der Effekt auf, dass eine höhere Molmasse offensichtlich besser stabilisiert. Dadurch sind die Dextran 6- und Dextran 20-stabilisierten Partikel mindestens sechs Tage stabil, bevor sie nach elf Tagen sichtbare Präzipitate aufweisen. Die Dextran 70-stabilisierte Probe aggregiert nach spätestens 19 Tagen und die Dextran 150-stabilisierte Probe zeigt nach 29 Tagen einen starken Größenanstieg, welcher die kurz darauffolgende Präzipitation bereits andeutete.

Verglichen mit dem zeitlichen Partikelgrößenverlauf der Suspensionen ohne Mannitolzusatz führte die Formulierung insgesamt zu einer verringerten kolloidalen Langzeitstabilität. Dennoch konnte diese, bei Verwendung von Dextran 150, über wenige Wochen aufrechterhalten werden. Dabei ist jedoch anzumerken, dass die allmähliche Größenzunahme in dieser Zeit, welche sehr wahrscheinlich auf Aggregationsprozesse zurückzuführen ist, einen starken Einfluss auf die statischen und dynamischen magnetischen Eigenschaften der Partikel haben kann, sodass mit veränderten MPS- sowie MR-Performances zu rechnen ist.

Zusammenfassend konnten die im Agarosegel synthetisierten Partikel durch Säure-Behandlung elektrostatisch stabilisiert werden, wodurch eine grundlegende strukturelle und magnetische Charakterisierung ermöglicht wurde. Aufgrund der interessanten Eigenschaften sowie der guten MPS- und MR-Effektivitäten wurden anschließend sterische Stabilisierungsversuche durch Dextranzusatz und Ultraschallbehandlung unternommen, welche die, für *in vivo*-Anwendungen essentielle, Formulierbarkeit der Suspensionen ermöglichen sollten. Hierbei wurde eine Zunahme der kolloidalen Stabilität mit steigender Molmasse des Dextrans beobachtet. Eine anschließende Zentrifugation führte zu einer kolloidalen Langzeitstabilisierung in MilliQ-Wasser über mindestens 300 Tage. Dennoch war die Stabilität nicht ausreichend hoch, um den kolloidalen Zustand auch unter physiologischen Bedingungen aufrechtzuerhalten. Zudem führte die Zentrifugation zu deutlichen Einbußen der MPS-Performance. Die Stabilisierung für *in vivo*-Anwendungen bedarf folglich noch weiterer Optimierungen.

3.2.2.2 Fraktionierung

Wie oben beschrieben, wurden die Partikel nach Dextranzusatz und Ultraschallbehandlung zentrifugiert, um Aggregate abzutrennen, welche eine unzureichende kolloidale Stabilität aufweisen. Dies führte jedoch bei einer Zentrifugation von 6.000 rpm (ca. 3.400 x g) zu einer Verminderung der Ausbeute um etwa 40 – 50 %. Aus diesem Grund soll nachfolgend geklärt werden, welchen Einfluss die Stärke der Zentrifugation auf die Ausbeute und die MPS-Performance hat. Dabei ist zu erwarten, dass Zentrifugationen bei geringeren Drehzahlen prinzipiell zu höheren Ausbeuten im Überstand führen, da ein vermehrter Anteil größerer Partikelaggregate in den Suspensionen verbleibt. Da diese jedoch möglicherweise, aufgrund ihrer höheren Brown-Zeitkonstanten, dem Anregungsfeld des MPS von 25 kHz nicht mehr folgen können, würde dies zu einem Signalverlust pro mol Eisen führen.

Für die Untersuchung wurden Partikel aus der diffusionskontrollierten Kopräzipitation mit Dextran 150 stabilisiert, da dieses Polymer in den vorhergehenden Versuchen die höchste kolloidale Stabilität bewirkte. Nach Ultraschallbehandlung wurden die Proben bei 2.000 rpm, 4.000 rpm, 6.000 rpm, 8.000 rpm und 10.000 rpm (entspricht ca. 400 x g, 1.500 x g, 3.400 x g, 6.100 x g und 9.500 x g) zentrifugiert und die Ausbeute im Überstand sowie die MPS-Performance und die hydrodynamische Partikelgröße im Überstand sowie im redispergierten Pellet bestimmt.

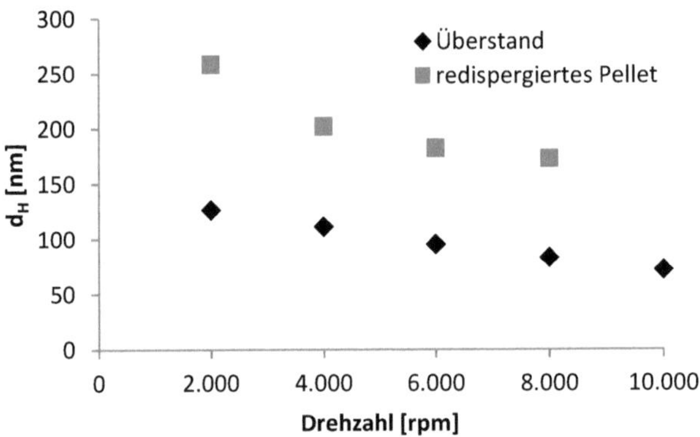

Abb. 76: Hydrodynamischer Partikeldurchmesser Dextran-stabilisierter Eisenoxidnanopartikel nach Fraktionierung in Abhängigkeit der Rotationsgeschwindigkeit der Zentrifugation

Wie erwartet sinkt der mittlere hydrodynamische Partikeldurchmesser im Überstand mit steigender Winkelgeschwindigkeit von 127 nm auf 72 nm (siehe Abb. 76), da die Sedimentationsgeschwindigkeit gemäß der Stokesschen Gleichung mit zunehmender Zentrifugalkraft ansteigt, wodurch ein immer größerer Anteil an Partikeln in der gegebenen Zentrifugationszeit pelletiert wird und lediglich Partikel mit geringem Durchmesser im Überstand verbleiben.[201] Dies spiegelt sich auch in der Ausbeute wieder, welche ebenfalls mit steigender Rotordrehzahl von anfänglichen 96 % auf bis zu 35 % sinkt (siehe Abb. 77). Umgekehrt finden sich im Pellet bei der geringsten untersuchten g-Zahl die größten Partikel mit 259 nm. Erwartungsgemäß sinkt auch hier der mittlere hydrodynamische Durchmesser mit steigender Winkelgeschwindigkeit auf bis zu 173 nm, da durch steigende Zentrifugalkräfte ein zunehmender Anteil kleinerer Partikel pelletiert wird. Das Pellet der Zentrifugation bei 10.000 rpm konnte nicht mehr redispergiert werden. Womöglich wurde durch die wirkenden Kräfte die Energiebarriere, welche die elektrosterisch stabilisierten Partikel auf Abstand hält, überwunden, wodurch eine irreversible Aggregation auftrat.

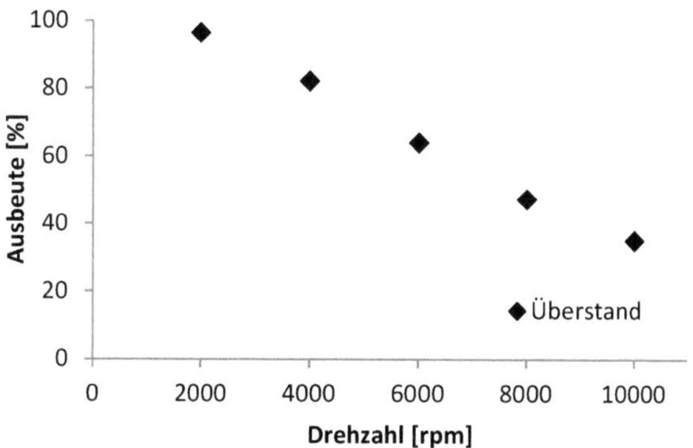

Abb. 77: Ausbeute Dextran-stabilisierter Eisenoxidnanopartikel im Überstand in Abhängigkeit der Zentrifugationsbedingungen

Somit wurden durch die Zentrifugation bei verschiedenen Rotordrehzahlen neun Größenfraktionen mit hydrodynamischen Durchmessern zwischen etwa 70 nm und 260 nm generiert. Trägt man die Größe gegen das Amplitudenverhältnis $A_3/A_{3,\text{FeraSpin R}}$ auf, so deutet sich ein Zusammenhang an, wonach Partikel mit einer hydrodynamischen Größe zwischen etwa 90 nm – 130 nm die beste MPS-Performance aufweisen (siehe Abb. 78).

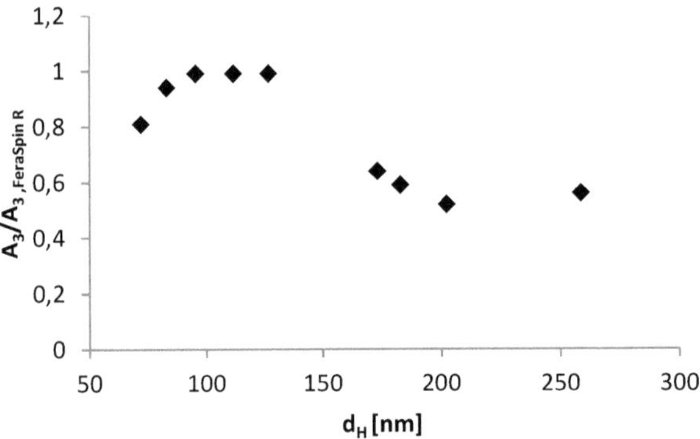

Abb. 78: Amplitudenverhältnis $A_3/A_{3,FeraSpin\ R}$ in Abhängigkeit des hydrodynamischen Durchmessers größenfraktionierter Dextran-stabilisierter Eisenoxidnanopartikel.

Dabei ist die anfängliche Zunahme der MPS-Performance mit steigender Partikelgröße auf vermehrte intrapartikuläre magnetische Wechselwirkungen zurückzuführen, wodurch das magnetische Gesamtmoment der Partikelaggregate ansteigt. Dabei spielt die Dynamik noch eine untergeordnete Rolle. Übersteigt die Partikelgröße jedoch einen kritischen Wert (etwa 130 nm), so kommen Relaxationseffekte zum Tragen. Die magnetischen Momente können dem Anregungsfeld nicht mehr folgen, wodurch trotz zunehmendem Gesamtmoment Harmonische geringerer Amplituden generiert werden.

Resultierend wurde die beste MPS-Performance bei Rotordrehzahlen von 2.000 rpm – 6.000 rpm erzielt; die höchste Ausbeute bei 2.000 rpm. Auf Grundlage dieser Daten ist folglich eine Größenfraktionierung durch Zentrifugation bei 2.000 rpm zu bevorzugen. Allerdings zeigte diese Probe eine geringere Langzeitstabilität, da die noch enthaltenen größeren Aggregate weniger stabil sind, was ohnehin erst der Grund für die Zentrifugation war. Zur Generierung von Partikeln mit hoher Stabilität über einen langen Zeitraum ist somit vorzugsweise eine Zentrifugation bei 6.000 rpm durchzuführen, wobei die geringere Ausbeute von etwa 60 % in Kauf genommen werden muss. Weiterhin belegt dieser Versuch, dass die Größenfraktionierung durch Zentrifugation hervorragend geeignet ist, um Partikel mit guter MPS-Performance von Partikeln mit kleinen magnetischen Momenten bzw. Partikeln mit deutlichen Relaxationseffekten und folglich schlechter MPS-Performance abzutrennen. So kann neben der Optimierung der Syntheseparameter eine Steigerung der MPS-Effektivität zusätzlich durch eine geeignete Fraktionierung erfolgen.

4   Zusammenfassung

Magnetische Eisenoxidnanopartikel werden bereits seit geraumer Zeit erfolgreich als MRT-Kontrastmittel in der klinischen Bildgebung eingesetzt. Durch Optimierung der magnetischen Eigenschaften der Nanopartikel kann die Aussagekraft von MR-Aufnahmen verbessert und somit der diagnostische Wert einer MR-Anwendung weiter erhöht werden. Neben der Verbesserung bestehender Verfahren wird die bildgebende Diagnostik ebenso durch die Entwicklung neuer Verfahren, wie dem Magnetic Particle Imaging, vorangetrieben. Da hierbei, im Gegensatz zur kontrastmittelverstärkten MRT, das Messsignal von den magnetischen Nanopartikeln selbst erzeugt wird, birgt das MPI einen enormen Vorteil hinsichtlich der Sensitivität bei gleichzeitig hoher zeitlicher und räumlicher Auflösung. Dadurch ist jedoch die Entwicklung maßgeschneiderter Tracer, die in der Lage sind, dass Potential dieser vielversprechenden neuen Methode auszuschöpfen, umso wichtiger. Da es aktuell keinen kommerziell vertriebenen *in vivo*-tauglichen MPI-Tracer gibt, greifen die Hard- und Softwareentwickler der MPI-Community meist auf den früheren MRT-Goldstandard Resovist zurück. Dieser wird jedoch in Europa nicht mehr kommerziell vertrieben und weist lediglich eine mäßige MPI-Performance auf. Folglich besteht ein dringender Bedarf an geeigneten innovativen Tracermaterialien.

Aus diesen Gegebenheiten resultierte die Motivation dieser Arbeit biokompatible und superparamagnetische Eisenoxidnanopartikel für den Einsatz als *in vivo*-Diagnostikum insbesondere im Magnetic Particle Imaging zu entwickeln. Auch wenn der Fokus auf der Tracerentwicklung für das MPI lag, wurde ebenso die MR-Performance bewertet, da geeignete Partikel alternativ oder zusätzlich als MR-Kontrastmittel mit verbesserten Kontrasteigenschaften eingesetzt werden könnten.

Die Synthese der Eisenoxidnanopartikel erfolgte über zwei verschiedene Routen, wobei darauf geachtet wurde organische Lösemittel sowie andere toxische Substanzen möglichst zu meiden, um eine problemlose Anwendbarkeit im lebenden Organismus sicherzustellen. Als Syntheseverfahren wurden die partielle Oxidation von gefälltem Eisen(II)-hydroxid und *Green Rust* sowie eine diffusionskontrollierte Kopräzipitation in einem Hydrogel ausgewählt.

Bei der partiellen Oxidation von Eisen(II)-hydroxid und *Green Rust,* bei der unter Zugabe von Dextran sterisch stabilisierte Eisenoxidnanopartikel mit einer Multikernstruktur gebildet werden, wurden die Syntheseparameter für eine optimale MPS- und MR-Performance, aufbauend auf vorhergehenden eigenen Studien, weiter optimiert.

Dabei wurde ermittelt, dass ein notwendiger Basenüberschuss, wenn zu hoch gewählt, zur vermehrten Bildung einer zweiten Eisenoxidphase, bei der es sich sehr wahrscheinlich um antiferromagnetisches Goethit handelt, führt. Bei geringerem Laugenüberschuss ist sowohl die MPS- als auch die MR-Performance deutlich besser im Vergleich zur Referenzsubstanz FeraSpin R, welche identische MPS- und MR-Eigenschaften aufweist wie Resovist.

Ferner konnte durch geeignete Wahl der Molmasse des Coatingsmaterials Dextran der Anteil nach Brown bzw. nach Néel relaxierender magnetischer Momente variiert und somit die, für eine MPS-Anwendung, idealen Syntheseparameter weiter spezifiziert werden.

Ergänzend wurde die ideale Ansatzkonzentration als Zusammenspiel zwischen Ausbeute und MPS-Performance ermittelt.

Unter diesen optimierten Bedingungen synthetisierte Partikel weisen ein MPS auf, dessen Harmonische über den gesamten Frequenzbereich stärkere Amplituden aufweisen, als diejenigen von FeraSpin R, was als starkes Indiz für eine bessere MPI-Performance gewertet werden kann. Auch in der MR wurden höhere transversale Relaxivitäten erzielt, wodurch eine bessere Kontrastierung in der T_2-gewichteten MRT zu erwarten ist.

Die synthetisierten Partikel weisen eine, für ein potentielles Medizinprodukt notwendige, hervorragende kolloidale Stabilität über mindestens zwei Jahre auf.

Neben der Optimierung der Synthese bestand der Fokus insbesondere auf der weiteren Entwicklung, hin zu einem Produkt für biomedizinische Anwendungen. So wurden erfolgreich geeignete Methoden zur Partikelformulierung und -sterilisierung etabliert, ohne dabei die kolloidale Stabilität oder die anwendungs-spezifischen Eigenschaften maßgeblich zu beeinträchtigen.

Um die synthetisierten Partikel neben dem *passiven targeting* auch für ein *aktives targeting* nutzen zu können, wurde die Dextranummantelung der Eisenoxidpartikel erfolgreich aminiert als auch carboxymethyliert, ohne dabei die MPS-Performance zu beeinflussen. Somit stehen geeignete Bindungsstellen für verschiedenste Biokonjugationen zur Verfügung. Als repräsentatives Beispiel wurden

NeutrAvidin-Moleküle an die Oberfläche carboxymethylierter Partikel gekoppelt und die so funktionalisierten Partikel erfolgreich an Biotin gebunden.

Durch Variation der Aminierungs- als auch der Carboxymethylierungsparameter konnte das anfangs neutrale Zetapotential der Partikel variabel zwischen -24 mV und +30 mV eingestellt werden. Es ist zu erwarten, dass dies als einfaches Werkzeug zur Anpassung der Bluthalbwertszeit der Nanopartikel genutzt werden kann.[202]

Weiterhin wurde gezeigt, dass die Veränderung der Oberflächenladung durch Einbringen von Aminogruppen die effiziente Markierung mesenchymaler Stammzellen ohne den Einsatz von Transfektionsreagenzien ermöglicht, wodurch der Einsatz dieser Partikel im *stem cell tracking* vielversprechend erscheint.

Erste Kurzzeitstudien der Zytotoxizität der unfunktionalisierten Partikel an mesenchymalen Stammzellen zeigten selbst bei Konzentrationen weit oberhalb physiologischer Werte keine verminderte Zellviabilität. Auch in weiteren Viabilitätsstudien der unfunktionalisierten als auch der aminierten und carboxymethylierten Partikel über 72 Stunden an HaCaT-Zellen konnte keine Zytotoxizität beobachtet werden.

Durch einen ersten *in vivo*-Versuch am gesunden Tier mit anschließender MR-Bildgebung konnten die ausgezeichneten MR-Kontrasteigenschaften erfolgreich nachgewiesen werden. Unveränderte Vitalzeichen des Versuchstieres nach Injektion belegten zudem die Biokompatibilität der Partikelformulierung.

Abschließend ergab die eingehende magnetische Charakterisierung ausgewählter Proben, dass magnetische Wechselwirkungen einzelner Kristallite innerhalb eines Partikelaggregates einen starken Einfluss auf die MPS- und MR-Performance haben, wodurch strukturell (DLS und TEM) sehr ähnliche Partikel deutlich voneinander abweichende Effektivitäten für die genannten Anwendungen aufweisen können.

Als Resümee dieser Arbeit wurden erfolgreich biokompatible und über lange Zeit stabile Eisenoxidnanopartikel synthetisiert. Zudem wurden geeignete Methoden zur Formulierung und Sterilisierung etabliert, wodurch zahlreiche Voraussetzungen für eine Anwendung als *in vivo*-Diagnostikum geschaffen wurden. Weiterhin ist auf Grundlage der MPS-Performance eine hervorragende Eignung dieser Partikel als MPI-Tracer zu erwarten, wodurch die Weiterentwicklung der MPI-Technologie maßgeblich vorangetrieben werden könnte. In der Literatur sind zwar ebenso Partikel mit deutlich besserer MPS-Performance zu finden,[34] jedoch sind diese meist nicht als *in vivo*-Diagnostikum geeignet, da die notwendige Biokompatibilität, Formulierbarkeit, Sterilisierbarkeit und/oder Stabilität unter physiologischen Bedingungen nicht gegeben ist. Die Bestimmung der NMR-Relaxivitäten sowie ein initialer *in vivo*-Versuch zeigten zudem das große Potential der formulierten Nanopartikelsuspensionen als MRT-Kontrastmittel. Die Modifizierung der Oberfläche ermöglicht ferner die Herstellung zielgerichteter Nanopartikel sowie die Markierung von Zellen, wodurch das mögliche Anwendungsspektrum maßgeblich erweitert wurde. In unmittelbarer Anknüpfung an die durchgeführten Versuche sollte in naher Zukunft die MPI-Performance der Partikel verifiziert sowie anschließend ein erster *in vivo*-Einsatz als MPI-Tracer realisiert werden.

Alternativ zur partiellen Oxidation von Eisen(II)-hydroxid und *Green Rust* wurde eine Synthese von Eisenoxidnanopartikeln durch eine bioinspirierte Modifikation der klassischen Kopräzipitation etabliert, indem diese innerhalb eines Agarosegels durchgeführt wurde. Dadurch wurden die Diffusionsraten der Reaktanden deutlich herabgesetzt und Konvektion unterbunden, wodurch eine bessere Kontrolle des Kristallitwachstums ermöglicht wurde. Im Gegensatz zum ersten Teil der Arbeit lag der Schwerpunkt bei dieser neuartigen diffusionskontrollierten Route auf der Isolierung und Stabilisierung der synthetisierten Partikel. So wurde erstmalig ein geeignetes Verfahren etabliert, um die Partikel aus dem Gelnetzwerk zu isolieren, indem die Agarosemoleküle durch Einsatz der *Fenton-Reaktion* degradiert wurden.

Die Partikel wurden anschließend erfolgreich elektrostatisch stabilisiert, wodurch die ausführliche physikochemische und magnetische Charakterisierung ermöglicht wurde. Im Gegensatz zur klassischen Kopräzipitation in Lösung, in welcher die Kristallitgröße im Bereich von etwa 2 – 17 nm variiert werden kann,[96] wurden durch die diffusionskontrollierte Kopräzpitation im Agarosegel deutlch größere Partikel mit einer durchschnittlichen Kristallitgröße von 24 nm synthetisiert. Die Bestimmung der MPS- und MR-Performance ergab vielversprechende Resultate, weshalb die Ionenstärke-sensitive elektrostatische Stabilisierung anschließend, in Vorbereitung auf die Entwicklung eines *in vivo*-Diagnostikums, durch eine sterische Stabilisierung ersetzt werden sollte. Dadurch sollte die kolloidale Stabilität auch unter physiologischen Bedingungen gewährleistet werden.

Ein Zusatz von Dextran in Verbindung mit intensiver Ultraschallbehandlung gefolgt von leichter Zentrifugation führte zur gewünschten sterischen Stabilisierung, wodurch der kolloidale Zustand in MilliQ-Wasser über mindestens 300 Tage aufrechterhalten werden konnte. Weiterhin konnte eine Zunahme der Stabilität mit steigender Molmasse des zur Stabilisierung verwendeten Dextrans beobachtet werden. Dennoch war die Stabilität bei physiologischer Osmolalität nicht ausreichend, um den kolloidalen Zustand über einen längeren Zeitraum aufrechtzuerhalten. Zudem führte die notwendige Zentrifugation zu deutlichen Einbußen der MPS-Performance. Die R_2-Relaxivität lag jedoch weiterhin deutlich oberhalb des Wertes von FeraSpin R.

Durch Zentrifugation konnten Dextran-stabilisierte Partikel aus der diffusions-kontrollierten Kopräzipitation erfolgreich in verschiedene Größenfraktionen mit hydrodynamischen Durchmessern zwischen 70 nm und 260 nm aufgetrennt werden. Dies ermöglichte die Bestimmung der idealen Aggregatgröße dieses Partikel-systems in Bezug auf die MPS-Performance, welche zwischen 90 nm und 130 nm liegt. Ferner verdeutlicht dies, dass neben der Optimierung der Syntheseparameter eine Steigerung der MPS-Effektivität zusätzlich durch eine geeignete Fraktionierung erfolgen kann und sollte.

Zusammengefasst bildet die diffusionskontrollierte Kopräzipitation im Hydrogel, mit anschließender Isolierung der gebildeten Eisenoxidnanopartikel mithilfe der *Fenton-Reaktion,* ein großes Potential zur Synthese von MPI-Tracern und MR-Kontrastmitteln mit hoher Performance. Zukünftige Arbeiten sollten sich jedoch zunächst mit der Etablierung einer optimierten Methode zur sterischen Partikelstabilisierung befassen, welche eine kolloidale Langzeitstabilität im physiologischen Milieu gewährleistet. Diese könnte beispielsweise durch PEGylierung zuvor silanisierter Partikel realisiert werden. Anschließend kann die Variation verschiedenster Syntheseparameter, wie beispielsweise der Gelstärke, zur Erzielung der bestmöglichen MPS- und MR-Eigenschaften weiterverfolgt werden.

5   Anhang

Tab. A 1: Longitudinale Relaxivität Dextran-stabilisierter Eisenoxidnanopartikel aus partieller Oxidation von Eisen(II)-hydroxid und Green Rust ermittelt bei 0,94 T.

Hydroxidüberschuss [mM]	R_1 [L/mmol·s]
10	9,87
20	10,07
30	9,58
40	10,64
50	8,97
70	10,41
100	9,26
200	9,49
400	8,43
MW Dextran [kDa]	R_1 [L/mmol·s]
6	8,1
20	8,75
40	8,15
70	9,48
150	10,01
Eisenkonzentration [mM]	R_1 [L/mmol·s]
5	8,72
10	7,15
50	8,74
100	9,94

Tab. A 2: Syntheseausbeute der partiellen Oxidation von Eisen(II)-hydroxid und Green Rust in Abhängigkeit des Molekulargewichtes des Coatingmaterials Dextran.

MW Dextran [kDa]	Ausbeute [%]
6	65
20	59
40	53
70	56
150	64

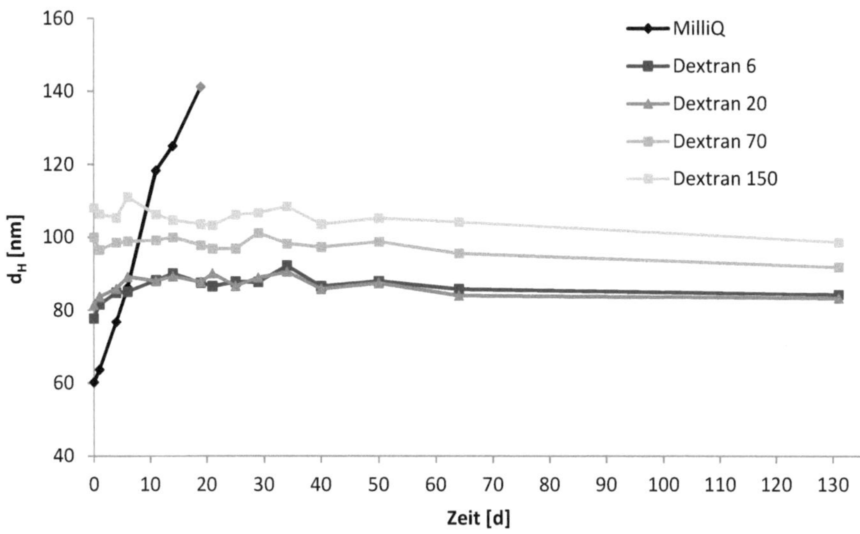

Abb. A 1: Zeitliche Veränderung der hydrodynamischen Partikelgröße in Abhängigkeit der Molmasse des zur Stabilisierung verwendeten Dextrans. Der rot markierte Datenpunkt kennzeichnet den letzten Messpunkt bevor eine sichtbare Partikelaggregation auftrat.

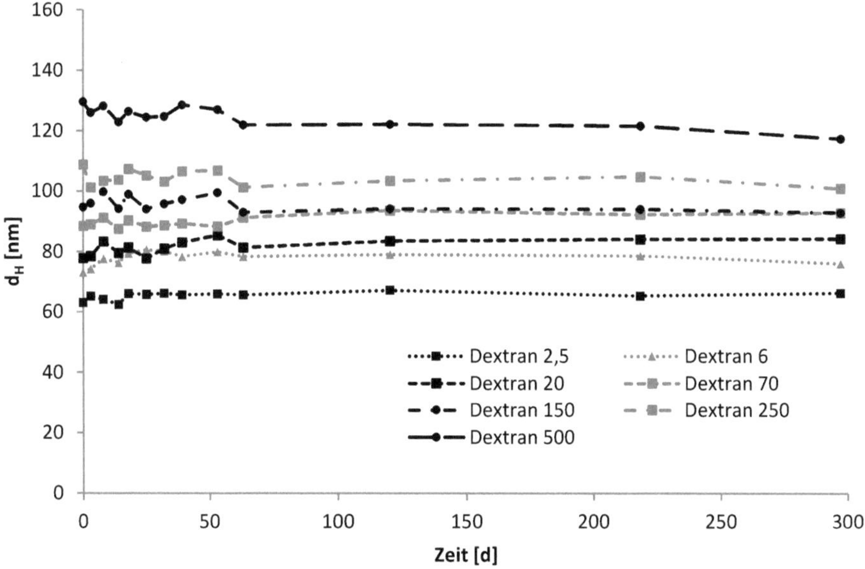

Abb. A 2: Zeitliche Veränderung der hydrodynamischen Partikelgröße in Abhängigkeit der Molmasse des zur Stabilisierung verwendeten Dextrans

5.1 Praktische Methoden

5.1.1 Partielle Oxidation von Eisen(II)-hydroxid und Green Rust

Die Synthese von nanopartikulärem Eisenoxid durch partielle Oxidation von Eisen(II)-hydroxid und *Green Rust* wurde unter Standardbedingungen wie folgt durchgeführt. 10 mL einer 2 M KNO_3-Lösung, 5 mL Dextranlösung (10 mg/mL) und 2750 µL 2 M NaOH werden in einer 100 mL-Schottflasche vorgelegt und mit MilliQ-Wasser auf 40 mL aufgefüllt. Die Lösung wird auf einem Magnetrührer bei 800 rpm gerührt. Mittels einer Kanüle wird Stickstoff in die Lösung eingeleitet, um diese zu entgasen. Anschließend werden 10 mL einer 250 mM $FeSO_4 \cdot 7\,H_2O$ Lösung (vor Verwendung ebenfalls mit Stickstoff entgast) langsam in die Vorlage getropft. Dabei wird die Lösung weiterhin bei 800 rpm gerührt und mit Stickstoff entgast. Nach beendeter Zugabe wird der Rührfisch entfernt, die Schottflasche fest verschlossen und für 4 h bei 90 °C im Wasserbad inkubiert. Die Aufreinigung erfolgt durch Dialyse gegen 1,8 L MilliQ-Wasser in einem Dialyseschlauch mit einer Ausschlussgrenze (molecular weight cut-off, MWCO) von 14 kDa bis die Leitfähigkeit des Dialysewassers maximal 1,0 µS/cm beträgt. Abschließend wird die Probe zur Abtrennung großer Aggregate für 10 min. bei 3.380 x g zentrifugiert, der Überstand abdekantiert und das Pellet verworfen.

5.1.2 Carboxymethylierung

Für die Carboxymethylierung werden 5 mL Dextran-stabilisierte Partikelsuspension bei einer Eisenkonzentration von 27,4 mM in einem 25 mL-Rundkolben vorgelegt, in ein temperiertes Ölbad (70°C) gehangen und mit einem Magnetrührer bei 450 rpm gerührt. Anschließend wird ein definiertes Volumen MilliQ-Wasser hinzugegeben, sodass nach Zusammengeben aller Komponenten ein Gesamtvolumen von 10 mL erhalten wird. Darauffolgend wird ein definiertes Volumen 5 M bzw. 15 M NaOH sowie Monochloressigsäurelösung ($ClCH_2COOH$) mit einer Konzentration von 100 mg/mL bzw. 1000 mg/mL hinzugegeben. Der Kolben wird verschlossen und für 2 h bei 70 °C gerührt. Nach Abkühlen der Suspension auf Raumtemperatur wird der pH-Wert mit 32 %iger bzw. 1 M HCl neutralisiert. Die Aufreinigung erfolgt durch Dialyse gegen 500 mL MilliQ-Wasser in einem Dialyseschlauch mit einem MWCO von 14 kDa über einen Zeitraum von drei Tagen, wobei das Dialysemedium zweimal täglich erneuert wird.

5.1.3 Aminierung

Für die Aminierung werden 5 mL Dextran-stabilisierte Partikelsuspension bei einer Eisenkonzentration von 27,4 mM in einem 20 mL-Schnappdeckelglas vorgelegt und mit einem Magnetrührer bei 600 rpm gerührt. Anschließend wird ein definiertes Volumen MilliQ-Wasser hinzugegeben, sodass nach Zugabe der weiteren Komponenten ein Gesamtvolumen von 15 mL erhalten wird. Darauffolgend werden 4,25 mL 4 M NaOH hinzugegeben und für 15 min gerührt. Nach Hinzufügen eines definierten Volumens an Epichlorhydrin wird das Gläschen mit Parafilm verschlossen und 8 h bei Raumtemperatur gerührt. Anschließend wird ein definiertes Volumen 25 %ige NH_3-Lösung hinzugegeben und weitere 16 h gerührt. Die Aufreinigung erfolgt durch Dialyse gegen 500 mL MilliQ-Wasser in einem Dialyseschlauch mit einem MWCO von 14 kDa über einen Zeitraum von drei Tagen, wobei das Dialysemedium zweimal täglich erneuert wird.

5.1.4 Biokonjugation von NeutrAvidin und Nachweis der Biotin-Spezifität

Für die Biokonjugation von NeutrAvidin werden 500 µL Partikelsuspension bei einer Eisenkonzentration von 7,3 mM mit 100 µL 300 mM MES-Puffer pH 5,5 in einem 1,5 mL-Reaktionsgefäß vermischt. Anschließend werden 400 µL Aktivierungslösung mit 20,3 mg/mL EDC und 13,4 mg/mL NHS in 50 mM MES pH 5,5 hinzu pipettiert und für 30 min bei Raumtemperatur und 1400 rpm geschüttelt. Darauffolgend werden 200 µL NeutrAvidinlösung mit 1,25 mg/mL NeutrAvidin in 50 mM MES pH 5,5 hinzugegeben und weitere 2 h geschüttelt. Die Aufreinigung erfolgt durch Dialyse gegen 500 mL 1x PBS im Float-A-Lyzer Dialysemodul mit einem MWCO von 1000 kDa über einen Zeitraum von 24 h, wobei das Dialysemedium nach 2 h gewechselt wird.

Zum Nachweis der Biokonjugation wird die Biotin-Spezifität der konjugierten Partikel in Biotin-beschichteten Mikrotiterplatten bestimmt. Dazu werden die Kavitäten der Platten zweimal mit jeweils 200 µL 1x PBS gewaschen und anschließend 100 µL der, mit 1x PBS auf 1 mM Fe verdünnten, Proben in die Kavitäten pipettiert. Die Platte wird anschließend 1 h auf dem Thermocycler bei 800 rpm geschüttelt. Nachfolgend werden die Kavitäten dreimal mit jeweils 200 µL MilliQ-Wasser gewaschen und 100 µL Färbelösung mit 0,6 mM HCl und 2 Gew.-% Kaliumhexacyanoferrat(II) hinzugegeben. Die Anfärbung erfolgt über 45 min mit anschließendem einmaligen Waschen mit 200 µL MilliQ-Wasser und abschließendem Trocknen der Platten.

5.1.5 Zellmarkierung und Berliner Blau-Färbung

Auf einem Objektträger wird vorsichtig 1 mL Zellsuspension mit $1 \cdot 10^5$ mesenchymalen Stammzellen in DMEM Medium (10 % FCS, 1 % Penicillin/ Streptomycin) ausgesät und für 4 h bei 37 °C und 5 % CO_2 inkubiert. Nach Abnahme des Mediums wird 1 mL mit Mannitol formulierter Testsubstanz auf den Objektträger gegeben und für weitere 24 h bei 37°C und 5 % CO_2 inkubiert. Anschließend wird die Testsubstanz abgesaugt und der Objektträger dreimal mit jeweils 1 mL 1x PBS gewaschen. Nach Fixierung der Zellen für 15 min mit 1 mL 2 %iger Paraformaldehydlösung in PBS wird der Objektträger zwei weitere Male mit je 1 mL 1x PBS gewaschen und über Nacht im Kühlschrank aufbewahrt. Zur Berliner Blau-Färbung inkorporierter und adsorbierter Eisenoxidnanopartikel wird der Objektträger für 5 min. in 1 %iger Kaliumhexacyanoferratlösung inkubiert, gefolgt von 25-minütiger Inkubation in 1 %iger Kaliumhexacyanoferratlösung mit 1 % Salzsäure. Anschließend wird zweimal mit MilliQ-Wasser gewaschen. Eine Gegenfärbung des Zellkerns in rosarot und des Zytoplasmas in blassrosa erfolgt durch 10-minütige Inkubation in Kernechtrot-Aluminiumsulfatlösung. Abschließend wird noch zwei weitere Male mit MilliQ-Wasser gewaschen und die Zellmarkierung durch lichtmikroskopische Aufnahmen dokumentiert.

5.1.6 Bestimmung der Zytotoxizität mittels MTT-Assay

<u>Zytotoxizität an MSCs</u>

In einer 96-Well-Platte werden $1,5 \cdot 10^4$ mesenchymale Stammzellen pro Well in 100 µL DMEM Medium (10 % FCS, 1 % Penicillin/Streptomycin) ausgesät und für 24 h bei 37 °C und 5 % CO_2 inkubiert. Nach Erneuerung des Kulturmediums werden je 50 µL mit Mannitol formulierter Testsubstanz zum Medium hinzugegeben und für 2 h auf dem Schwenker inkubiert. DMEM Medium, dessen resultierender Viabilitätswert auf 100 % gesetzt wird, und eine 2%ige Triton X-100-Lösung, die eine vollständige Lyse der Zellen bewirkt, dienen als Negativ- bzw. Positivkontrolle. Anschließend werden je 20 µL MTT (5 mg/mL in 1x PBS) hinzugegeben und weitere 2 h inkubiert. Nach Abnahme von 150 µL Medium werden 160 µL Lysepuffer (0,04 M HCl in Iso-Propanol) hinzupipettiert und auf dem Schüttler für 15 min bei 500 rpm inkubiert. Nach Zentrifugation der Platte für 5 min bei 250 x g werden je 100 µL Überstand in eine neue 96-Well-Platte überführt und die Absorption bei 570/620 nm auf einem Plattenleser gemessen. Die Messung bei 620 nm dient dabei der Bestimmung des Hintergrundsignals und somit durch Differenzbildung zur Hintergrundreduktion. Von allen Kontrollen und Testsubstanzen wird eine Sechsfachbestimmung durchgeführt.

<u>Zytotoxizität an HaCaTs</u>

In einer 96-Well-Platte werden $1,5 \cdot 10^3$ HaCaT-Zellen pro Well in 50 µL DMEM Medium (10 % FCS, 1 % Penicillin/Streptomycin) ausgesät und für 4 h bei 37 °C und 5 % CO_2 inkubiert. Anschließend werden je 50 µL Testsubstanz zum Medium hinzugegeben und für 72 h im Brutschrank inkubiert. DMEM Medium, dessen resultierender Viabilitätswert auf 100 % gesetzt wird, und eine 2%ige Triton X-100-Lösung, die eine vollständige Lyse der Zellen bewirkt, dienen als Negativ- bzw. Positivkontrolle. Anschließend werden je 10 µL MTT (5 mg/mL in 1x PBS) hinzugegeben und weitere 4 h inkubiert. Nach Abnahme des Mediums werden 150 µL Lysepuffer (0,04 M HCl in Iso-Propanol) hinzupipettiert und auf dem Schüttler für 15 min bei 500 rpm inkubiert. Anschließend erfolgt die Messung der Absorption bei 570/620 nm auf einem Plattenleser. Die Messung bei 620 nm dient dabei der Bestimmung des Hintergrundsignals und somit durch Differenzbildung zur Hintergrundreduktion. Von allen Kontrollen und Testsubstanzen wird eine Vierfachbestimmung durchgeführt.

5.1.7 Partikelformulierung für den *in vivo*-Versuch

Für die Partikelformulierung werden etwa 800 µL Dextran-stabilisierte Partikel-suspension durch einen sterilen 0,45 µm Celluloseacetat-Filter filtriert (In einem Vorversuch wurde nachgewiesen, dass eine Filtration mit besagter Porengröße keinen Einfluss auf die mittlere hydrodynamische Partikelgröße hat). Anschließend wird die Partikelsuspension mit einer sterilfiltrierten 400 mM Mannitollösung (0,2 µm Celluloseacetat-Filter) auf eine Eisenkonzentration von 5 mM verdünnt. Nach Bestimmung von pH-Wert und Osmolalität wird 1 mL der Suspension in einem verschlossenen 1,1 mL-Vial für 20 min bei 121°C und 1 bar Überdruck autoklaviert.

5.1.8 Diffusionskontrollierte Kopräzipitation im Agarosegel

Für die diffusionskontrollierte Kopräzipitation von Eisenoxidnanopartikeln im Agarosegel unter Standardbedingungen werden zunächst 5 mL eines 1 %igen Agarosegels in einem 40 mL-Schraubdeckelgläschen hergestellt. Dieses Gel wird anschließend mit 5 mL einer Eisenchloridlösung (250 mM Fe, Fe^{III}/Fe^{II} = 2/1) vorsichtig überschichtet und für 24 h bei Raumtemperatur aufbewahrt, wodurch sich die Eisenionen gleichmäßig in Gel und Überstand verteilen. Anschließend wird die überschüssige Eisenchloridlösung entfernt, die Geloberfläche mehrfach mit MilliQ-Wasser gewaschen und das, mit Eisenionen angereicherte, Gel vorsichtig mit weiteren 2 mL heißer 1%iger Agaroselösung überschichtet. Nach Gelierung dieser Schicht über einen Zeitraum von 40 min wird vorsichtig mit 5 mL 0,33 M NaOH-Lösung überschichtet. Bereits nach kurzer Zeit bildet sich eine schwarze Schicht an der Grenzfläche Natronlauge/Gel, welche die Präzipitation der Eisenoxid-nanopartikel anzeigt. Die Probe wird abermals für 24 h bei Raumtemperatur aufbewahrt, wodurch sich die entstehende Eisenoxid-haltige Schicht, aufgrund der Diffusion der Hydroxidionen in das Gel, allmählich zum Boden des Reaktionsgefäßes hin ausbreitet.

Zur Aufreinigung wird das Nanopartikel-haltige Gel zunächst mit einem Spatel grob zerkleinert und anschließend mit 30 mL 30 %iger Wasserstoffperoxidlösung sowie einer Spatelspitze $FeSO_4 \cdot 7\,H_2O$ versetzt. Die Lösung wird für 24 h bei Raumtemperatur gerührt und die freigesetzten Partikel anschließend mit Hilfe eines Magneten separiert. Nach Abdekantieren des Überstandes wird das Pellet in 30 mL MilliQ-Wasser redispergiert und dieser Waschschritt zwei weitere Male wiederholt.

5.1.9 Elektrostatische Stabilisierung

Für die elektrostatische Stabilisierung der Eisenoxidnanopartikel aus der diffusionskontrollierten Kopräzipitation wird die instabile Partikelsuspension zunächst für 10 min bei 6000 rpm zentrifugiert. Nach Abdekantieren des Überstandes wird das Pellet in 10 mL 2 M HNO_3 redispergiert und abermals für 10 min bei 6000 rpm zentrifugiert. Nach abermaligem Abdekantieren des Überstandes wird das Pellet in 20 mL MilliQ-Wasser redispergiert. Dieser Waschschritt wird ein weiteres Mal wiederholt. Nach abschließender Zentrifugation bei 600 rpm wird der deutlich gefärbte Überstand abdekantiert und für die weitere Analyse verwendet. Das Pellet wird verworfen.

5.1.10 Sterische Stabilisierung

Für die sterische Stabilisierung der Eisenoxidnanopartikel aus der diffusions-kontrollierten Kopräzipitation werden 200 µL Partikelsuspension in 800 µL Stabilisatorlösung mit 10 mg/mL Dextran verdünnt. Anschließend wird die Probe für 40 s bei Cycle 5 und 75 % Power mit einer Sonotrode beschallt.

5.2 Messparameter

5.2.1 Transmissionselektronenmikroskopie

Transmissionselektronenmikroskopische Aufnahmen wurden an einem Zeiss EM 912 Ω bzw. einem Tecnai G2 Spirit BioTWIN mit einer Beschleunigungsspannung von U_{acc} = 120 kV durchgeführt. Zusätzlich wurden vereinzelt High Resolution-TEM Aufnahmen an einem Jeol 3010 mit einer Beschleunigungsspannung von U_{acc} = 300 kV durchgeführt.

Zur Probenpräparation wurde ein Tropfen der zu untersuchenden, und auf etwa 10 mM Fe verdünnten, Nanopartikelsuspension auf ein mit Kohlenstoff überzogenes Kupfer-Grid aufgetragen und für 5 min bei Raumtemperatur getrocknet. Anschließend wurde der verbliebene Flüssigkeitsfilm vorsichtig abgetupft. Die Messungen erfolgten nachdem das Grid vollständig getrocknet war.

Die Bestimmung der mittleren Kristallitgröße und der Standardabweichung erfolgte durch Ausmessen des horizontalen Feret-Durchmessers von mindestens 200 Kristalliten bei verschiedenen Vergrößerungen mit der Software ImageJ (Version 1.48).

5.2.2 Dynamische Lichtstreuung

Die Bestimmung des intensitätsgewichteten mittleren hydrodynamischen Partikeldurchmessers und der Standardabweichung einer log-normalen Partikelgrößenverteilung erfolgte mittels dynamischer Lichtstreuung an einem Nicomp Submicron Particle Sizer Modell 370 von Nicomp Particle Sizing Systems, Santa Barbara, USA.

Die zu analysierenden Proben wurden auf eine Konzentration von etwa 5 mM Fe verdünnt und für 5 min vermessen. Die in der Arbeit angegebenen Werte sind jeweils Mittelwerte einer Doppelbestimmung.

5.2.3 Zetapotential

Die Bestimmung des Zetapotentials erfolgte mittels Laser-Doppler-Elektrophorese an einem Zetasizer nano ZS von Malvern Instruments. Die mit 1 mM KCl auf 5 mM Fe verdünnte Partikelsuspension wurde in einer Doppelbestimmung über jeweils 20 Zyklen bei einer Temperatur von 25 °C vermessen. Die Berechnung des Zetapotentials aus der elektrophoretischen Mobilität erfolgte über die Smoluchowski-Annäherung.

5.2.4 Spektrophotometrische Bestimmung der Eisenkonzentration

Die UV/VIS-Spektroskopie wurde in der vorliegenden Arbeit zur Quantifizierung des Eisengehaltes genutzt. Die messbare Färbung entsteht durch eine Komplexbildungsreaktion von o-Phenanthrolin mit Fe^{2+}-Ionen mit einem Absorptionsmaximum bei 510 nm.

Hierfür werden die Eisenoxidpartikel zunächst im Messkolben mithilfe von Salzsäure nach (Gl. 5.1) und (Gl. 5.2) in Ionenform überführt:

$$Fe_2O_3 + 6\,HCl \rightarrow 2\,Fe^{3+} + 6\,Cl^- + 3\,H_2O \qquad\qquad \text{(Gl. 5.1)}$$

$$Fe_3O_4 + 8\,HCl \rightarrow Fe^{2+} + 2\,Fe^{3+} + 8\,Cl^- + 4\,H_2O \qquad\qquad \text{(Gl. 5.2)}$$

Nach Auffüllen des Kolbens werden 200 µL der Lösung in eine Küvette gegeben. Anschließend erfolgt die Reduktion der Fe^{3+}-Ionen durch Zugabe von 100 µL 10 %iger Hydroxylaminlösung nach (Gl. 5.3):

$$4\,Fe^{3+} + 2\,NH_2OH \rightarrow 4\,Fe^{2+} + N_2O + 4\,H^+ + H_2O \qquad\qquad \text{(Gl. 5.3)}$$

Die anschließende Zugabe von 700 µL 0,1 %iger o-Phenanthrolinlösung führt durch eine Komplexbildungsreaktion zur Darstellung des rötlich gefärbten Chelatkomplexes Ferroin (Gl. 5.4):

$$\text{(Gl. 5.4)}$$

Durch Erstellung einer Kalibriergeraden im Konzentrationsbereich von 358 – 45 µM Fe wurde mithilfe des Lambert-Beerschen-Gesetzes aus den Absorptionswerten der zu analysierenden Proben unter Berücksichtigung der Verdünnungsfaktoren deren Eisenkonzentrationen ermittelt.

5.2.5 NMR-Relaxivität

Zur Bestimmung der NMR R_1- und R_2-Relaxivitäten wurden die longitudinalen und transversalen Relaxationszeiten von Wasser in Gegenwart der zu analysierenden

Partikel mit Konzentrationen von 1,5; 1,0; 0,5 und 0,1 mM Fe bestimmt. Die Messung erfolgte an einem minispec Kontrastmittel Analysator mq40 von Bruker Optics bei einer Temperatur von 40 °C und einer Feldstärke von 0,94 T. Aus dem Anstieg der linearen Regressionsgeraden der gemessenen reziproken Relaxationszeiten (T_i) gegen die Konzentration ($c(Fe)$) mit den Relaxationszeiten des reinen Lösemittels ($T_{i(0)}$) als Achsenabschnitt wurden die Relaxivitäten (R_i) ermittelt:

$$\frac{1}{T_i} = R_i \cdot c(Fe) + \frac{1}{T_{i(0)}}$$

(Gl. 5.5)

5.2.6 Magnetic Particle Spectroscopy

Die Aufnahme der MPS-Spektren erfolgte an einem Magnetic Particle Spektrometer T120986 von Bruker Biospin bei 37 °C. Das Anregungsfeld besaß eine Frequenz von 25 kHz und eine Amplitude von 25 mT. Für die Aufnahme eines Spektrums wurden 30 µL Partikelsuspension eingesetzt und über 10 s vermessen. Zur Vergleichbarkeit wurden die erhaltenen Daten auf den Eisengehalt normiert.

5.2.7 Statische Magnetisierung

Die Aufnahme der quasistatischen Magnetisierungskurve erfolgte an einem SQUID MPMS XL von Quantum Design. Es wurden jeweils 50 µL Partikelsuspension zur Messung eingesetzt und die Magnetisierung bis zu einer Feldstärke von 5 T verfolgt.

Die erhaltene Magnetisierungskurve wurde anschließend für die Berechnung der effektiven magnetischen Kerngrößenverteilung unter Annahme nicht wechselwirkender sphärischer Eindomänenpartikel nach *Eberbeck et al.* genutzt.[56] Die Kerngrößenverteilung wurde aus dem besten Fit einer bimodalen Verteilung $f=(1-\beta_2)f_1+\beta_2 f_2$, wobei f_1 und f_2 log-normale Funktionen sind, ermittelt.

5.2.8 Magnetrelaxation

Die Messung des Zerfalls des magnetischen Moments nach Abschalten eines Ausrichtungsfeldes wurde an einem Fluxgate-Magnetometer durchgeführt. Hierzu wurden 150 µL suspendierte oder immobilisierte Probe für 2 s bei 2 mT aufmagnetisiert und der Zerfall des Magnetisierungsvektors über 1,5 s beobachtet.

Die Berechnung der log-normalen magnetischen Kerngrößenverteilung sphärischer, nicht-wechselwirkender Partikel aus den Daten der immobilisierten Proben erfolgte mit dem magnetischen Momenten-Superpositions-Modell (MSM) unter Annahme einer Sättigungsmagnetisierung von 480 kA/m (*bulk*-Magnetit).[181]

Unter Berücksichtigung der Kernparameter aus dem MSM wurden mithilfe des Cluster-Momenten-Superpositionsmodells (CMSM), einer Erweiterung des MSM, aus den MRX-Kurven suspendierter Systeme log-normale hydrodynamische Größenverteilungen gefittet.[182]

5.2.9 Wechselfeldsuszeptibilität

Die Messung der komplexen Wechselfeldsuszeptibilität erfolgte zwischen 300 Hz und 1 MHz bei einer Amplitude des Anregungsfeldes von 95 µT. Das Probenvolumen betrug 150 µL. Weitere Details zum Suszeptometer sind an anderer Stelle zu finden.[183]

5.2.10 Thermogravimetrie

Thermogravimetrische Analysen wurden an einem Seiko TG/DTA 320U durchgeführt. Die zu analysierende Probe wurde in einem Platintiegel bei einem Luftstrom von 100 mL/min mit einer Heizrate von 10 K/min von Raumtemperatur auf 900 °C erhitzt. α-Al_2O_3 diente als Referenz.

5.2.11 MR-Untersuchung

Die MR-Untersuchungen wurden an einem Bruker BioSpec 94/20 USR mit einer Feldstärke von 9,4 T mit einer $T_2{}^*$-gewichteten 2D multi slice FLASH-Sequenz (TR: 350 ms, TE: 5,4 ms und Flipwinkel: 40°) über der Leber einer gesunden Maus durchgeführt. Zuvor erfolgte die Lokalisierung der Leber über eine Gradientenecho-Sequenz mit drei Orientierungen.

Es wurden Aufnahmen vor und 35 min nach Applikation der Partikelformulierung durchgeführt. Als Dosis wurden 4 µL Partikelformulierung/g Körpergewicht eingesetzt (entspricht 20 µmol Fe/kg Körpergewicht).

Literaturverzeichnis

1. R. Lozano, M. Naghavi, K. Foreman, S. Lim, K. Shibuya, V. Aboyans, J. Abraham, T. Adair, R. Aggarwal, S. Y. Ahn et al., *The Lancet*, 2012, **380**, 2095-2128.

2. G. A. Roth, M. H. Forouzanfar, A. E. Moran, R. Barber, G. Nguyen, V. L. Feigin, M. Naghavi, G. A. Mensah and C. J. L. Murray, *New England Journal of Medicine*, 2015, **372**, 1333-1341.

3. H. Ittrich, K. Peldschus, N. Raabe, M. Kaul and G. Adam, *Fortschr Röntgenstr*, 2013, **185**, 1149-1166.

4. A. Z. Khawaja, D. B. Cassidy, J. Al Shakarchi, D. G. McGrogan, N. G. Inston and R. G. Jones, *Insights into imaging*, 2015, **6**, 553-558.

5. Y.-X. J. Wang, S. M. Hussain and G. P. Krestin, *European radiology*, 2001, **11**, 2319-2331.

6. R. A. Revia and M. Zhang, *Materials Today*, 2016, **19**, 157-168.

7. P. H. Kuo, E. Kanal, A. K. Abu-Alfa and S. E. Cowper, *Radiology*, 2007, **242**, 647-649.

8. M. Rogosnitzky and S. Branch, *Biometals*, 2016, **29**, 365-376.

9. H. Arami, A. Khandhar, D. Liggitt and K. M. Krishnan, *Chemical Society Reviews*, 2015, **44**, 8576-8607.

10. B. Gleich and J. Weizenecker, *Nature*, 2005, **435**, 1214-1217.

11. N. Ferrara, *Endocrine reviews*, 2004, **25**, 581-611.

12. W.-J. Hsieh, C.-J. Liang, J.-J. Chieh, S.-H. Wang, I. R. Lai, J.-H. Chen, F.-H. Chang, W.-K. Tseng, S.-Y. Yang, C.-C. Wu and Y.-L. Chen, *International Journal of Nanomedicine*, 2012, **7**, 2833-2842.

13. D. Heinke, Master Thesis, Hochschule Lausitz (FH), 2012.

14. H. K. Henisch, *Crystals in gels and Liesegang rings*, Cambridge University Press, 2005.

15. R. Prozorov, T. Prozorov, S. K. Mallapragada, B. Narasimhan, T. J. Williams and D. A. Bazylinski, *Physical Review B*, 2007, **76**, 054406.

16. S. Hsieh, B. Y. Huang, S. L. Hsieh, C. C. Wu, C. H. Wu, P. Y. Lin, Y. S. Huang and C. W. Chang, *Nanotechnology*, 2010, **21**, 445601.

17. B. M. Borah, B. Saha, S. K. Dey and G. Das, *Journal of Colloid and Interface Science*, 2010, **349**, 114-121.

18. G. Rangarajan, *Materials science*, Tata McGraw-Hill Education, 2004.

19. E. Lenz, *Annalen der Physik*, 1834, **107**, 483-494.

20. Y. A. Koksharov, *Magnetism of Nanoparticles: Effects of Size, Shape, and Interactions*, Wiley-VCH, Weinheim, 2009.

21. R. M. Cornell and U. Schwertmann, in *The Iron Oxides*, Wiley-VCH Verlag GmbH & Co. KGaA, 2003, pp. 1-7.

22. L. Spieß, R. Schwarzer, H. Behnken and G. Teichert, *Moderne Röntgenbeugung*, Teubner, Wiesbaden, 2005.

23. P. Tartaj, M. P. Morales, S. Veintemillas-Verdaguer, T. Gonzalez-Carreño and C. J. Serna, in *Handbook of Magnetic Materials*, ed. K. H. J. Buschow, Elsevier, 2006, vol. Volume 16, pp. 403-482.

24. D. Ortega and N. T. K. Thanh, *Magnetic Nanoparticles: From Fabrication to Clinical Applications*, 2012, 1.

25. R. M. Cornell and U. Schwertmann, in *The Iron Oxides*, Wiley-VCH Verlag GmbH & Co. KGaA, 2003, pp. 9-38.

26. P. Tartaj, M. P. Morales, S. Veintemillas-Verdaguer, T. Gonzalez-Carreño and C. J. Serna, *Handbook of magnetic materials*, 2006, **16**, 403-482.

27. C. Carvallo, P. Sainctavit, M. A. Arrio, Y. Guyodo, R. L. Penn, B. Forsberg, A. Rogalev, F. Wilhelm and A. Smekhova, *Geophysical Research Letters*, 2010, **37**.

28. F. Ludwig, D. Eberbeck, N. Löwa, U. Steinhoff, T. Wawrzik, M. Schilling and L. Trahms, *Biomedizinische Technik/Biomedical Engineering*, 2013, **58**, 535-545.

29. R. M. Cornell and U. Schwertmann, in *The Iron Oxides*, Wiley-VCH Verlag GmbH & Co. KGaA, 2003, pp. 139-183.

30. D. L. Leslie-Pelecky and R. D. Rieke, *Chem Mater*, 1996, **8**, 1770-1783.

31. D. J. Dunlop and Ö. Özdemir, *Rock Magnetism: Fundamentals and Frontiers*, Cambridge University Press, Cambridge, 1997.

32. C. Bartolozzi, R. Lencioni, F. Donati and D. Cioni, *European radiology*, 1999, **9**, 1496-1512.

33. S. A. Schmitz, T. Albrecht and K.-J. Wolf, *Radiology*, 1999, **213**, 603-607.

34. N. Panagiotopoulos, R. L. Duschka, M. Ahlborg, G. Bringout, C. Debbeler, M. Graeser, C. Kaethner, K. Lüdtke-Buzug, H. Medimagh and J. Stelzner, *International journal of nanomedicine*, 2015, **10**, 3097.

35. M. Colombo, S. Carregal-Romero, M. F. Casula, L. Gutiérrez, M. P. Morales, I. B. Böhm, J. T. Heverhagen, D. Prosperi and W. J. Parak, *Chemical Society Reviews*, 2012, **41**, 4306-4334.

36. S.-K. Tae, S.-H. Lee, J.-S. Park and G.-I. Im, *Biomedical Materials*, 2006, **1**, 63-71.

37. O. Y. Bang, J. S. Lee, P. H. Lee and G. Lee, *Annals of neurology*, 2005, **57**, 874-882.

38. M. F. Berry, A. J. Engler, Y. J. Woo, T. J. Pirolli, L. T. Bish, V. Jayasankar, K. J. Morine, T. J. Gardner, D. E. Discher and H. L. Sweeney, *American*

Journal of Physiology - Heart and Circulatory Physiology, 2006, **290**, H2196.

39.   E. Bull, S. Y. Madani, R. Sheth, A. Seifalian, M. Green and A. M. Seifalian, *Int J Nanomedicine*, 2014, **9**, 1641-1653.

40.   N. Löwa, D. Eberbeck, U. Steinhoff, F. Wiekhorst and L. Trahms, *Biomed Tech*, 2012, **57**, 583.

41.   J. Weizenecker, J. Borgert and B. Gleich, *Phys Med Biol*, 2007, **52**, 6363-6374.

42.   P. W. Goodwill, A. Tamrazian, L. R. Croft, C. D. Lu, E. M. Johnson, R. Pidaparthi, R. M. Ferguson, A. P. Khandhar, K. M. Krishnan and S. M. Conolly, *Applied Physics Letters*, 2011, **98**, 262502.

43.   J. Franke, U. Heinen, L. Matthies, V. Niemann, F. Jaspard, M. Heidenreich and T. Buzug, *IEEE, International Workshop on Magnetic Particle Imaging (IWMPI)*, 2013.

44.   T. Knopp and T. M. Buzug, *Magnetic Particle Imaging: An Introduction to Imaging Principles and Scanner Instrumentation*, Springer, Berlin Heidelberg, 2012.

45.   C. Kaethner, M. Ahlborg, T. Knopp, T. F. Sattel and T. M. Buzug, *Journal of Applied Physics*, 2014, **115**, 044910.

46.   J. Weizenecker, B. Gleich and J. Borgert, *Journal of Physics D: Applied Physics*, 2008, **41**, 105009.

47.   T. Knopp, S. Biederer, T. Sattel, J. Weizenecker, B. Gleich, J. Borgert and T. M. Buzug, *Physics in medicine and biology*, 2008, **54**, 385.

48.   J. Lampe, C. Bassoy, J. Rahmer, J. Weizenecker, H. Voss, B. Gleich and J. Borgert, *Physics in medicine and biology*, 2012, **57**, 1113.

49.   J. Rahmer, J. Weizenecker, B. Gleich and J. Borgert, *BMC Medical Imaging*, 2009, **9**.

50.   M. Grüttner, T. Knopp, J. Franke, M. Heidenreich, J. Rahmer, A. Halkola, C. Kaethner, J. Borgert and T. M. Buzug, *Biomedizinische Technik/Biomedical Engineering*, 2013, **58**, 583-591.

51.   T. Hyeon, *Chemical Communications*, 2003, 927-934.

52.   G. F. Goya, T. S. Berquó, F. C. Fonseca and M. P. Morales, *Journal of Applied Physics*, 2003, **94**, 3520-3528.

53.   R. M. Ferguson, A. P. Khandhar, H. Arami, L. Hua, O. Hovorka and K. M. Krishnan, *Biomedizinische Technik/Biomedical Engineering*, 2013, **58**, 493-507.

54.   R. M. Ferguson, A. P. Khandhar and K. M. Krishnan, *Journal of applied physics*, 2012, **111**, 07B318.

55.   K. Lüdtke-Buzug, J. Haegele, S. Biederer, T. F. Sattel, M. Erbe, R. L. Duschka, J. Barkhausen and F. M. Vogt, *Biomedizinische Technik/Biomedical Engineering*, 2013, **58**, 527-533.

56. D. Eberbeck, F. Wiekhorst, S. Wagner and L. Trahms, *Applied physics letters*, 2011, **98**, 182502.

57. H. Kratz, D. Eberbeck, S. Wagner, M. Taupitz and J. Schnorr, *Biomed Tech (Berl)*, 2013, **58**, 509-515.

58. M. Reiser and W. Semmler, *Magnetresonanztomographie*, Springer Berlin, Heidelberg, 2002.

59. F. Bloch, *The principle of nuclear induction*, Kungl. boktryckeriet PA Norstedt & söner, 1953.

60. E. M. Purcell, H. C. Torrey and R. V. Pound, *Physical review*, 1946, **69**, 37.

61. P. C. Lauterbur, *Nature*, 1973, **242**, 190-191.

62. P. Mansfield and A. A. Maudsley, *The British journal of radiology*, 1977, **50**, 188-194.

63. H. P. Schlemmer, *Der Radiologe*, 2005, **4**, 2005.

64. G. Brix, H. Kolem, W. R. Nitz, M. Bock, A. Huppertz, C. J. Zech and O. Dietrich, in *Magnetic Resonance Tomography*, Springer, 2008, pp. 3-167.

65. S. D. Waldman, in *Pain Review*, W.B. Saunders, Philadelphia, 2009, pp. 367-368.

66. K. B. Saebo, Dissertation, Uppsala University, 2004.

67. H. H. Schild, *MRI made easy (well almost)*, Nationales Druckhaus Berlin, Berlin, 1990.

68. Z. Zhou and Z.-R. Lu, *Wiley Interdisciplinary Reviews: Nanomedicine and Nanobiotechnology*, 2013, **5**, 1-18.

69. R. N. Muller, P. Gillis, F. Moiny and A. Roch, *Magnetic resonance in medicine*, 1991, **22**, 178-182.

70. M. Rohrer, H. Bauer, J. Mintorovitch, M. Requardt and H.-J. Weinmann, *Invest Radiol*, 2005, **40**, 715-724.

71. A. K. Gupta and S. Wells, *IEEE transactions on nanobioscience*, 2004, **3**, 66-73.

72. C. Chouly, D. Pouliquen, I. Lucet, J. J. Jeune and P. Jallet, *Journal of microencapsulation*, 1996, **13**, 245-255.

73. S. Laurent, J.-L. Bridot, L. V. Elst and R. N. Muller, *Future medicinal chemistry*, 2010, **2**, 427-449.

74. O. Lunov, T. Syrovets, C. Röcker, K. Tron, G. U. Nienhaus, V. Rasche, V. Mailänder, K. Landfester and T. Simmet, *Biomaterials*, 2010, **31**, 9015-9022.

75. R. Weissleder, A. Bogdanov, E. A. Neuwelt and M. Papisov, *Advanced Drug Delivery Reviews*, 1995, **16**, 321-334.

76. A.-H. Lu, E. L. Salabas and F. Schüth, *Angew Chem Int Edit*, 2007, **46**, 1222-1244.

77. W. Wu, Q. He and C. Jiang, *Nanoscale Research Letters*, 2008, **3**, 397-415.

78. M. Kiyama, *Bulletin of the Chemical Society of Japan*, 1974, **47**, 1646-1650.

79. J.-P. Jolivet, C. Chaneac and E. Tronc, *Chemical Communications*, 2004, 481-483.

80. T. Satapanajaru, P. J. Shea, S. D. Comfort and Y. Roh, *Environmental Science & Technology*, 2003, **37**, 5219-5227.

81. J. D. Bernal, D. R. Dasgupta and A. L. Mackay, *Clay Miner. Bull*, 1959, **4**, 15.

82. A. Géhin, C. Ruby, M. Abdelmoula, O. Benali, J. Ghanbaja, P. Refait and J.-M. R. Génin, *Solid State Sciences*, 2002, **4**, 61-66.

83. L. Simon, M. François, P. Refait, G. Renaudin, M. Lelaurain and J.-M. R. Génin, *Solid State Sciences*, 2003, **5**, 327-334.

84. R. M. Cornell and U. Schwertmann, in *The Iron Oxides*, Wiley-VCH Verlag GmbH & Co. KGaA, 2003, pp. 345-364.

85. A. Sumoondur, S. Shaw, I. Ahmed and L. G. Benning, *Mineralogical Magazine*, 2008, **72**, 201.

86. U. Schwertmann and R. M. Taylor, in *Minerals in Soil Environments*, Soil Science Society of America, Madison, WI, 1989, pp. 379-438.

87. R. M. Cornell and U. Schwertmann, in *The Iron Oxides*, Wiley-VCH Verlag GmbH & Co. KGaA, 2003, pp. 525-540.

88. Y. Luengo, M. P. Morales, L. Gutierrez and S. Veintemillas-Verdaguer, *Journal of Materials Chemistry C*, 2016, **4**, 9482-9488.

89. A. E. Regazzoni, G. A. Urrutia, M. A. Blesa and A. J. G. Maroto, *J Inorg Nucl Chem*, 1981, **43**, 1489-1493.

90. Y. Amemiya, A. Arakaki, S. S. Staniland, T. Tanaka and T. Matsunaga, *Biomaterials*, 2007, **28**, 5381-5389.

91. T. Sugimoto and E. Matijević, *Journal of Colloid and Interface Science*, 1980, **74**, 227-243.

92. M. A. Vergés, R. Costo, A. G. Roca, J. F. Marco, G. F. Goya, C. J. Serna and M. P. Morales, *Journal of Physics D: Applied Physics*, 2008, **41**, 134003.

93. F. Vereda, J. de Vicente and R. Hidalgo-Alvarez, *Journal of Colloid and Interface Science*, 2013, **392**, 50-56.

94. J. Jing, Y. Zhang, J. Liang, Q. Zhang, E. Bryant, C. Avendano, V. L. Colvin, Y. Wang, W. Li and W. Y. William, *Journal of Nanoparticle Research*, 2012, **14**, 827.

95. R. Massart, *IEEE Transactions on Magnetics*, 1981, **17**, 1247-1248.

96. S. Laurent, D. Forge, M. Port, A. Roch, C. Robic, L. V. Elst and R. N. Muller, *Chem Rev*, 2008, **108**, 2064-2110.

97. A. Durdureanu-Angheluta, B. C. Simionescu and M. Pinteala, *Tailored and functionalized magnetite particles for biomedical and industrial applications*, INTECH Open Access Publisher, 2012.

98. J. Baumgartner and D. Faivre, *Patent Application*, 2012, **WO 2012/000529 A1**.

99. S. S. Staniland, in *Nanotechnologies for the Life Sciences*, Wiley-VCH Verlag GmbH & Co. KGaA, 2007.

100. Y.-Q. Li, T. Yu, T.-Y. Yang, L.-X. Zheng and K. Liao, *Advanced Materials*, 2012, **24**, 3426-3431.

101. D. Faivre and D. Schüler, *Chemical Reviews*, 2008, **108**, 4875-4898.

102. A. Kraupner, D. Eberbeck, D. Heinke, R. Uebe, D. Schüler and A. Briel, *Nanoscale*, 2017.

103. A. Lohße, I. Kolinko, O. Raschdorf, R. Uebe, S. Borg, A. Brachmann, J. M. Plitzko, R. Müller, Y. Zhang and D. Schüler, *Applied and Environmental Microbiology*, 2016, **82**, 3032-3041.

104. U. Heyen and D. Schüler, *Applied Microbiology and Biotechnology*, 2003, **61**, 536-544.

105. Y. A. Gorby, T. J. Beveridge and R. P. Blakemore, *Journal of Bacteriology*, 1988, **170**, 834-841.

106. A. Scheffel, A. Gärdes, K. Grünberg, G. Wanner and D. Schüler, *Journal of Bacteriology*, 2008, **190**, 377-386.

107. L. Rahn-Lee and A. Komeili, *Frontiers in Microbiology*, 2013, **4**, 352.

108. A. Lohße, S. Borg, O. Raschdorf, I. Kolinko, É. Tompa, M. Pósfai, D. Faivre, J. Baumgartner and D. Schüler, *Journal of Bacteriology*, 2014, **196**, 2658-2669.

109. C. Lang, D. Schüler and D. Faivre, *Macromolecular Bioscience*, 2007, **7**, 144-151.

110. T. Prozorov, S. K. Mallapragada, B. Narasimhan, L. Wang, P. Palo, M. Nilsen-Hamilton, T. J. Williams, D. A. Bazylinski, R. Prozorov and P. C. Canfield, *Advanced Functional Materials*, 2007, **17**, 951-957.

111. D. Yang, L. Qi and J. Ma, *Chemical Communications*, 2003, 1180-1181.

112. J. Liu, L. Chen, L. Li, X. Hu and Y. Cai, *International Journal of Pharmaceutics*, 2004, **287**, 13-19.

113. Z. H. Mohammed, M. W. N. Hember, R. K. Richardson and E. R. Morris, *Carbohydrate Polymers*, 1998, **36**, 15-26.

114. S. Arnott, A. Fulmer, W. E. Scott, I. C. M. Dea, R. Moorhouse and D. A. Rees, *Journal of Molecular Biology*, 1974, **90**, 269-284.

115. T. L. Moore, L. Rodriguez-Lorenzo, V. Hirsch, S. Balog, D. Urban, C. Jud, B. Rothen-Rutishauser, M. Lattuada and A. Petri-Fink, *Chemical Society Reviews*, 2015, **44**, 6287-6305.

116. B. Derjaguin, *Kolloid-Zeitschrift*, 1934, **69**, 155-164.

117. E. J. W. Verwey, J. T. G. Overbeek and J. T. G. Overbeek, *Theory of the stability of lyophobic colloids*, Courier Corporation, 1999.

118. M. Baalousha, *Science of The Total Environment*, 2009, **407**, 2093-2101.

119. M. A. Brown, A. Goel and Z. Abbas, *Angewandte Chemie International Edition*, 2016, **55**, 3790-3794.

120. A. Aserin, *Multiple emulsion: technology and applications*, John Wiley & Sons, 2008.

121. S. W. Charles and J. Popplewell, in *Handbook of Ferromagnetic Materials*, Elsevier, 1980, vol. Volume 2, pp. 509-559.

122. E. M. Hotze, T. Phenrat and G. V. Lowry, *J Environ Qual*, 2010, **39**, 1909-1924.

123. M. I. Papisov, A. Bogdanov, B. Schaffer, N. Nossiff, T. Shen, R. Weissleder and T. J. Brady, *Journal of Magnetism and Magnetic Materials*, 1993, **122**, 383-386.

124. H. Ittrich, C. Lange, H. Dahnke, A. R. Zander, G. Adam and C. Nolte-Ernsting, *Fortschr Röntgenstr*, 2005, **177**, 1151-1163.

125. L. Moraes, A. Vasconcelos-dos-Santos, F. C. Santana, M. A. Godoy, P. H. Rosado-de-Castro, R. L. Azevedo-Pereira, W. M. Cintra, E. L. Gasparetto, M. F. Santiago and R. Mendez-Otero, *Stem cell research*, 2012, **9**, 143-155.

126. J. Sudimack and R. J. Lee, *Advanced drug delivery reviews*, 2000, **41**, 147-162.

127. W. Arap, R. Pasqualini and E. Ruoslahti, *Science*, 1998, **279**, 377-380.

128. C. P. Leamon and J. A. Reddy, *Advanced Drug Delivery Reviews*, 2004, **56**, 1127-1141.

129. S. Bamrungsap, Z. Zhao, T. Chen, L. Wang, C. Li, T. Fu and W. Tan, *Nanomedicine*, 2012, **7**, 1253-1271.

130. R. A. Sperling and W. J. Parak, *Philos Trans A Math Phys Eng Sci*, 2010, **368**, 1333-1383.

131. R. A. Sperling and W. J. Parak, *Philosophical Transactions of the Royal Society A: Mathematical, Physical and Engineering Sciences*, 2010, **368**, 1333.

132. G. T. Hermanson, in *Bioconjugate Techniques (Third edition)*, Academic Press, Boston, 2013, pp. 465-505.

133. M. Instruments, *Technical Note Malvern, MRK656-01*, 2012, 1-8.

134. W. Schärtl, *Light scattering from polymer solutions and nanoparticle dispersions*, Springer Science & Business Media, 2007.

135. *NICOMP 380 Manual, Particle Sizing Systems*, 2006.

136. H. Stegemeyer, *Lyotrope Flüssigkristalle: Grundlagen Entwicklung Anwendung*, Springer-Verlag, 2013.

137. P. Somasundaran, S. C. Mehta, X. Yu and S. Krishnakumar, *Colloid systems and interfaces stability of dispersions through polymer and surfactant adsorption*, CRC Press, Boca Raton, FL, 2009.

138. L. Reimer, *Transmission electron microscopy: physics of image formation and microanalysis*, Springer, 2013.

139. viscover, *nanoPET Pharma GmbH FeraSpin^{TM} R Datasheet*, 2016.

140. N. Gehrke, A. Briel, F. Ludwig, H. Remmer, T. Wawrzik and S. Wellert, in *Magnetic Particle Imaging: A Novel SPIO Nanoparticle Imaging Technique*, eds. T. M. Buzug and J. Borgert, Springer Berlin Heidelberg, 2012, pp. 99-103.

141. S. Ardizzone and L. Formaro, *Surface Technology*, 1985, **26**, 269-274.

142. Y. T. He and S. J. Traina, *Clay Minerals*, 2007, **42**, 13-19.

143. G. H. Lee, S. H. Kim, B. J. Choi, S. H. Huh, Y. Chang, B. Kim, J. Park and S. J. Oh, *Journal of the Korean Physical Society*, 2004, **45**, 1019-1024.

144. M. Kosmulski, S. Durand-Vidal, E. Mączka and J. B. Rosenholm, *Journal of Colloid and Interface Science*, 2004, **271**, 261-269.

145. C. Demetzos, *Pharmaceutical nanotechnology: fundamentals and practical applications*, Springer, 2016.

146. U. Häfeli, W. Schütt, J. Teller and M. Zborowski, *Scientific and clinical applications of magnetic carriers*, Springer Science & Business Media, 2013.

147. S. Biggs, M. Habgood, G. J. Jameson and Y.-d. Yan, *Chemical Engineering Journal*, 2000, **80**, 13-22.

148. C. W. Jung, *Magnetic Resonance Imaging*, 1995, **13**, 675-691.

149. E. Jenckel and B. Rumbach, *Zeitschrift für Elektrochemie und angewandte physikalische Chemie*, 1951, **55**, 612-618.

150. J. M. H. M. Schutjens, G. J. Fleer and M. A. C. Stuart, *Colloids and Surfaces*, 1986, **21**, 285-306.

151. G. J. Fleer, J. M. H. M. Scheutjens and M. A. C. Stuart, *Colloids and Surfaces*, 1988, **31**, 1-29.

152. L. Couture and T. G. M. van de Ven, *Colloids and Surfaces*, 1991, **54**, 245-260.

153. W. Irshad Ahmad, in *Advancing Medicine through Nanotechnology and Nanomechanics Applications*, eds. T. Keka, B. Mayank and M. Anil Shantappa, IGI Global, Hershey, PA, USA, 2017, pp. 219-249.

154. Y. Bouwman and P. Le Brun, *Practical Pharmaceutics: An International Guideline for the Preparation, Care and Use of Medicinal Products*, Springer, 2015.

155. N. Washington, C. Washington and C. Wilson, *Physiological pharmaceutics: barriers to drug absorption*, CRC Press, 2000.

156. N. M. Metheny, *Fluid and electrolyte balance*, Jones & Bartlett Publishers, 2011.

157. H. R. Costantino and M. J. Pikal, *Lyophilization of biopharmaceuticals*, Springer Science & Business Media, 2004.

158. *Feraheme (ferumoxytol) Injection, Datasheet, AMAG Pharmaceuticals, Inc.*

159. *Resovist 0,5 mmol Fe/mL (Ferucarbotran) Injektionslösung, Fertigspritze, Datasheet, Bayer Schering Pharma*, 2007.

160. *Feridex I.V. (ferumoxides injectable solution), Datasheet, Bayer Healthcare Pharmaceuticals Inc.*, 2008.

161. A. Juríková, K. Csach, J. Miškuf, M. Koneracká, V. Závišová, M. Kubovčíková and P. Kopčanský, *Acta Physica Polonica-Series A General Physics*, 2012, **121**, 1296.

162. M. Aghazadeh and I. Karimzadeh, *Int. J. Bio-Inorg. Hybr. Nanomater*, 2016, **5**, 95-104.

163. L. Li, K. Y. Mak, J. Shi, C. H. Leung, C. M. Wong, C. W. Leung, C. S. K. Mak, K. Y. Chan, N. M. M. Chan and E. X. Wu, *Microelectronic Engineering*, 2013, **111**, 310-313.

164. P. Sommerfeld, U. Schroeder and B. A. Sabel, *International journal of pharmaceutics*, 1998, **164**, 113-118.

165. T. Spychaj, M. Zdanowicz, J. Kujawa and B. Schmidt, *Polimery*, 2013, **58**, 503-511.

166. H.-C. Ge and D.-K. Luo, *Carbohydrate Research*, 2005, **340**, 1351-1356.

167. G. Koenig, E. Lohmar, N. Rupprich, M. Lison and A. Gnass, in *Ullmann's Encyclopedia of Industrial Chemistry*, Wiley-VCH Verlag GmbH & Co. KGaA, 2000.

168. Q. Jiang, W. Gao, X. Li, Z. Liu, L. Huang and P. Xiao, *Starch-Stärke*, 2011, **63**, 692-699.

169. G. T. Hermanson, in *Bioconjugate Techniques (Third edition)*, Academic Press, Boston, 2013, pp. 127-228.

170. Y. Chau, F. E. Tan and R. Langer, *Bioconjugate Chemistry*, 2004, **15**, 931-941.

171. M. M. Lin, S. Li, H.-H. Kim, H. Kim, H. B. Lee, M. Muhammed and D. K. Kim, *Journal of Materials Chemistry*, 2010, **20**, 444-447.

172. J. P. Pinheiro, L. Moura, R. Fokkink and J. P. S. Farinha, *Langmuir*, 2012, **28**, 5802-5809.

173. D. Heinke, Bachelor Thesis, Hochschule Lausitz (FH), 2011.

174. A. Villanueva, M. Canete, A. G. Roca, M. Calero, S. Veintemillas-Verdaguer, C. J. Serna, M. del Puerto Morales and R. Miranda, *Nanotechnology*, 2009, **20**, 115103.

175. M. Pekker and M. N. Shneider, *Journal of Physical Chemistry & Biophysics*, 2015, **5**, 1.

176. E. Fröhlich, *Int J Nanomedicine*, 2012, **7**, 5577-5591.

177. T. Mosmann, *Journal of immunological methods*, 1983, **65**, 55-63.

178. M. Mahmoudi, A. Simchi, A. S. Milani and P. Stroeve, *Journal of colloid and interface science*, 2009, **336**, 510-518.

179. A. M. Prodan, S. L. Iconaru, C. S. Ciobanu, M. C. Chifiriuc, M. Stoicea and D. Predoi, *Journal of Nanomaterials*, 2013, **2013**, 5.

180. P. Boukamp, R. T. Petrussevska, D. Breitkreutz, J. Hornung, A. Markham and N. E. Fusenig, *The Journal of cell biology*, 1988, **106**, 761-771.

181. D. Eberbeck, S. Hartwig, U. Steinhoff and L. Trahms, *Magnetohydrodynamics*, 2003, **39**, 77-83.

182. D. E. a. F. W. a. U. S. a. L. Trahms, *Journal of Physics: Condensed Matter*, 2006, **18**, S2829.

183. F. Ludwig, A. Guillaume, M. Schilling, N. Frickel and A. M. Schmidt, *Journal of Applied Physics*, 2010, **108**, 033918.

184. F. Ludwig, T. Wawrzik, T. Yoshida, N. Gehrke, A. Briel, D. Eberbeck and M. Schilling, *IEEE Transactions on Magnetics*, 2012, **48**, 3780-3783.

185. A. B. Lamb and A. G. Jacques, *Journal of the American Chemical Society*, 1938, **60**, 967-981.

186. K. H. Gayer and L. Wootner, *Journal of the American Chemical Society*, 1956, **78**, 3944-3946.

187. T. Wüstenberg, *Cellulose and Cellulose Derivatives in the Food Industry: Fundamentals and Applications, First Edition. Weinheim: Wiley-VCH Verlag GmbH & Co. KGaA*, 2015, 1-68.

188. J. Duan and D. L. Kasper, *Glycobiology*, 2011, **21**, 401-409.

189. K. Barbusiński, *Ecological Chemistry and Engineering. S*, 2009, **16**, 347-358.

190. W. G. Barb, J. H. Baxendale, P. George and K. R. Hargrave, *Nature*, 1949, **163**, 692-694.

191. Robert A. M. Vreeburg, Othman B. Airianah and Stephen C. Fry, *Biochemical Journal*, 2014, **463**, 225-237.

192. B. Wang, J.-J. Yin, X. Zhou, I. Kurash, Z. Chai, Y. Zhao and W. Feng, *The Journal of Physical Chemistry C*, 2012, **117**, 383-392.

193. H. Wu, J.-J. Yin, W. G. Wamer, M. Zeng and Y. M. Lo, *Journal of food and drug analysis*, 2014, **22**, 86-94.

194. R. J. Wydra, C. E. Oliver, K. W. Anderson, T. D. Dziubla and J. Z. Hilt, *RSC advances*, 2015, **5**, 18888-18893.

195. J. J. Pignatello, E. Oliveros and A. MacKay, *Critical reviews in environmental science and technology*, 2006, **36**, 1-84.

196. T. M. Riddick, *Control of colloid stability through zeta potential: with a closing chapter on its relationship to cardiovascular disease*, Zeta-Meter, Incorporated, 1968.

197. J. Baumgartner, A. Dey, P. H. H. Bomans, C. Le Coadou, P. Fratzl, N. A. J. M. Sommerdijk and D. Faivre, *Nature Materials*, 2013, **12**, 310-314.

198. R. M. Cornell and U. Schwertmann, in *The Iron Oxides*, Wiley-VCH Verlag GmbH & Co. KGaA, 2003, pp. 221-252.

199. D. Peer, *Nanotechnology for the delivery of therapeutic nucleic acids*, Pan Stanford Publishing, 2013.

200. D. J. Shaw, in *Introduction to Colloid and Surface Chemistry (Fourth Edition)*, Butterworth-Heinemann, Oxford, 1992, pp. 174-209.

201. E. Kissa, *Dispersions: characterization, testing, and measurement*, CRC Press, 1999.

202. E. Blanco, H. Shen and M. Ferrari, *Nature biotechnology*, 2015, **33**, 941-951.

Publikationen

Veröffentlichungen in referierten Zeitschriften:

D. Schmidt, F. Palmetshofer, **D. Heinke**, U. Steinhoff, F. Ludwig, "A phenomenological description of the MPS-signal using a model for the field dependence of the effective relaxation time", *IEEE Trans. Magn.*, Vol. 51(2), 2015.

N. Gehrke, **D. Heinke**, D. Eberbeck, F. Ludwig, T. Wawrzik, C. Kuhlmann, and A. Briel, "Magnetic characterization of clustered core magnetic nanoparticles for MPI", *IEEE Trans. Magn.*, Vol. 51, 2015.

L. Gutierrez, R. Costo, C. Grüttner, F. Westphal, N. Gehrke, **D. Heinke**, A. Fornara, Q. A. Pankhurst, C. Johansson, S. Veintemillas-Verdaguer, M. P. Morales, "Synthesis methods to prepare single- and multi-core iron oxide nanoparticles for biomedical applications", *Dalton Trans.*, Vol. 44, pp. 2943-2952, 2015.

R. Taukulis, M. Widdrat, M. Kumari, **D. Heinke**, M. Rumpler, É. Tompa, R. Uebe, A. Kraupner, A. Cebers, D. Schüler, M. Pósfai, A.M. Hirt and D. Faivre. "Magnetic Iron Oxide Nanoparticles as MRI Contrast Agents – A Comprehensive Physical and Theoretical Study", *Magnetohydrodynamics*, Vol. 51 (4), pp. 721 – 747, 2015.

D. Heinke, N. Gehrke, D. Schmidt, U. Steinhoff, T. Viereck, H. Remmer, F. Ludwig, M. Posfai, A. Briel. „Diffusion-Controlled Synthesis of Magnetic Nanoparticles", *IJMPI,* Vol. 2 (1), pp. 1-4, 2016.

E. Wetterskog, A. Castro, L. Zeng, S. Petronis, **D. Heinke**, E. Olsson, L. Nilsson, N. Gehrke, P. Svedlindh, „Size and property bimodality in magnetic nanoparticle dispersions: Single domain particles vs strongly coupled nanoclusters", *Nanoscale*, Vol. 9 (12), 4227-4235, 2017.

A. Kraupner, D. Eberbeck, **D. Heinke**, R. Uebe, D. Schüler, A. Briel, „Bacterial Magnetosomes – Nature's powerful contribution to MPI tracer research", *Nanoscale*, Vol. 9 (18), pp. 5788-5793, 2017.

D. Heinke, A. Kraupner, D. Eberbeck, D. Schmidt, P. Radon, R. Uebe, D. Schüler, A. Briel, „MPS and MRI efficacy of magnetosomes from wild-type and mutant bacterial strains", *IJMPI,* Vol. 3 (2), 2017.

H. Gavilán, A. Kowalski, **D. Heinke**, A. Sugunan, J. Sommertune, M. Varón, L. K. Bogart, O. Posth, L. Zeng, D. González-Alonso, C. Balceris, J. Fock, E. Wetterskog, C. Frandsen, N. Gehrke, C. Grüttner, A. Fornara, F. Ludwig, S. Veintemillas-Verdaguer, C. Johansson, M. Puerto Morales, "Colloidal Flower-Shaped Iron Oxide Nanoparticles: Synthesis Strategies and Coatings", *Part. Part. Syst. Charact.*, Vol. 34 (7), 2017.

Konferenzbeiträge:

N. Gehrke, **D. Heinke**, D. Eberbeck, A. Briel, "The potential of clustered core magnetic particles for MPI", *IWMPI2013 Book of Abstracts*, 2013.

A. Kraupner, **D. Heinke**, R. Uebe, D. Eberbeck, N. Gehrke, D. Schüler, A. Briel, "Bacterial Magnetosomes as a New Type of Biogenic MPI Tracers", *IWMPI2014 Book of Abstracts*, pp. 141f, 2014.

N. Gehrke, S. Wellert, **D. Heinke**, A. Briel, D. Eberbeck, „Structural Characterization of Clustered Core Iron Oxide Nanoparticles for MPI by Small Angle X-Ray Scattering", *IWMPI2014 Book of Abstracts*, pp. 154f, 2014.

D. Heinke, A. Kraupner, N. Gehrke, D. Eberbeck, R. Uebe, D. Schüler, A. Briel, "Biogenic Magnetite Nanoparticles as New Tracers for MPI and MRI", *International Conference on the Scientific and Clinical Applications of Magnetic Carriers 2014 Book of Abstracts*, pp. 87, 2014.

D. Schmidt, F. Palmetshofer, **D. Heinke**, U. Steinhoff, F. Ludwig, „Modelling the field dependence of the effective relaxation time in Magnetic Particle Spectroscopy", *German Ferrofluid Workshop 2014 Book of Abstracts*, pp. 23f, 2014.

D. Heinke, N. Gehrke, F. Ludwig, U. Steinhoff, Q. A. Pankhurst, K. Lüdtke-Buzug, A. Thünemann, C. Johansson, "NanoMag – Standardization of Analysis Methods for Magnetic Nanoparticles", *IWMPI2015 Book of Abstracts*, pp. 83, 2015.

D. Heinke, N. Gehrke, D. Schmidt, F. Palmetshofer, C. Kuhlmann, U. Steinhoff, F. Ludwig, A. Briel, "Optimization of MNPs by size fractionation for MPI application", *IWMPI2015 Book of Abstracts*, pp. 77f, 2015.

F. Palmetshofer, D. Schmidt, **D. Heinke**, N. Gehrke, U. Steinhoff, "The volume fraction of iron oxide in a certain particle size range determines the harmonic spectrum of magnetic tracers", *IWMPI2015 Book of Abstracts*, pp. 74f, 2015.

D. Schmidt, F. Palmetshofer, **D. Heinke**, D. Gutkelch, P. Radon , U. Steinhoff, "Characterizing the imaging performance of magnetic tracers by Magnetic Particle Spectroscopy in an offset field*", IWMPI2015 Book of Abstracts,* p. 21, 2015.

D. Schmidt, F. Palmetshofer, **D. Heinke**, D. Gutkelch, P. Radon, O. Posth, U. Steinhoff, "Imaging characterization of magnetic nanoparticles for Magnetic Particle Imaging using offset field supported Magnetic Particle Spectroscopy", *German Ferrofluid Workshop 2015 Book of Abstracts*, pp. 25f, 2015.

D. Schmidt, F. Palmetshofer, **D. Heinke**, D. Gutkelch, P. Radon, U. Steinhoff, "Characterizing the imaging performance of magnetic tracers by Magnetic Particle Spectroscopy in an offset field*", DGBMT Jahrestagung 2015 Abstractband*, 2015.

A. Kraupner, A. Kirchherr, S. Runge, **D. Heinke**, F. Fidler, A. Briel, „Nanoparticles optimized for efficient stem cell labeling and possessing optimal contrast properties for MRI and MPI", *WMIC*, 2015.

D. Heinke, N. Gehrke, D. Schmidt, U. Steinhoff, T. Viereck, H. Remmer, F. Ludwig, M. Pósfai, A. Briel, „Diffusion-Controlled Synthesis of Magnetic Nanoparticles", *IWMPI2016 Book of Abstracts*, p. 101, 2016.

C. Debbeler, C. Frandsen, N. Gehrke, C. Grüttner, **D. Heinke**, C. Johansson, A. Johl, M. P. Morales, M. Varón, K. Lüdtke-Buzug, "MPS study on new MPI tracer material", *IWMPI2016 Book of Abstracts*, p. 112, 2016.

D. Heinke, A. Kraupner, D. Eberbeck, D. Schmidt, P. Radon, R. Uebe, D. Schüler, A. Briel, „MPS and MRI efficacy of magnetosomes from wild-type and mutant bacterial strains", *IWMPI2017 Book of Abstracts*, p. 67, 2017.

Vorträge:

N. Gehrke, **D. Heinke**, D. Eberbeck, F. Ludwig, T. Wawrzik, C. Kuhlmann, A. Briel, "Magnetic Characterization of Clustered Core Magnetic Nanoparticles for MPI", *IWMPI2014 Book of Abstracts*, pp. 48f, 2014.

D. Heinke, "NanoMag – Standardisierung von magnetischen Nanopartikeln und deren Analysenmethoden", 29. Treffpunkt Medizintechnik, Berlin, 2015.

Danksagung

Die vorliegende Arbeit entstand im Rahmen meiner Tätigkeit als wissenschaftlicher Mitarbeiter bei der nanoPET Pharma GmbH in Berlin. An dieser Stelle bedanke ich mich bei allen Kollegen, Freunden und Bekannten, die zum Gelingen dieser Arbeit beigetragen haben. Im Besonderen danke ich …

…Herrn Dr. Andreas Briel für die Vergabe dieses interessanten Themas und die Möglichkeit, diese Arbeit bei der nanoPET Pharma GmbH in Berlin durchzuführen. Ihm danke ich insbesondere für die mir gegebene Freiheit bei der Gestaltung meiner Arbeit.

…Herrn Prof. Dr. Helmut Schlaad sowie Herrn Prof. Dr. Andreas Taubert von der Universität Potsdam für die Betreuung meiner Arbeit und für die jederzeit gewährte Unterstützung.

…Herrn Prof. Dr. Thorsten M. Buzug von der Universität zu Lübeck für die Übernahme der Funktion als externer Gutachter.

…Herrn Dr. Alexander Kraupner für die zahlreichen fachlichen Diskussionen sowie Ratschläge bei der Erstellung meiner Arbeit. Insbesondere danke ich ihm für die stetige Motivation und Unterstützung in dieser Zeit.

…Herrn Dr. Dietmar Eberbeck, Herrn Daniel Schmidt, Herrn Dr. Oliver Posth sowie Herrn Dr. Uwe Steinhoff von der physikalisch-technischen Bundesanstalt in Berlin für die zahlreichen MPS-Spektren, statischen Magnetisierungskurven sowie Magnetrelaxationskurven und die Hilfe bei der Interpretation der Daten. Ihnen danke ich weiterhin für die hervorragende Zusammenarbeit, die zu mehreren Veröffentlichungen geführt hat.

…Herrn Dr. Frank Ludwig sowie Herrn Dr. Thilo Viereck von der Technischen Universität Braunschweig für die Aufnahme frequenzabhängiger MPS-Spektren, die Messung der Magnetrelaxation und der Wechselfeldsuszeptibilität sowie den hilfreichen Austausch zu inhaltlichen Fragen.

…Frau Dr. Nicole Gehrke für die wertvollen Diskussionen und die Aufnahme der TEM-Bilder.

…Herrn Prof. Dr. Mihály Pósfai von der Pannonischen Universität Ungarn für die HR-TEM-Aufnahmen.

…Frau Dr. Helena Gavilán vom CSIC in Madrid für die thermogravimetrische Analyse.

…Herrn Dr. Ralf Hauptmann von der Charité Berlin für die ausgiebigen Messzeiten am NMR Relaxometer.

…Herrn Dr. Wilfried Reichardt vom Universitätsklinikum Freiburg für die *in vivo*-Versuche und die MR-Aufnahmen.

…allen namentlich nicht genannten Kollegen und Kolleginnen der nanoPET Pharma GmbH für die tolle Arbeitsatmosphäre, die konstruktive Zusammenarbeit sowie für die Gespräche, die zur Verbesserung dieser Arbeit beigetragen haben.

…meinen Eltern für die Unterstützung während des Studiums und der Promotion sowie meiner Freundin Kathleen, die mir über die Dauer meiner Promotionsphase stets den Rücken freihielt.